BLUEPRINT

基因蓝图

How DNA Makes Us Who We Are

[美] 罗伯特·普罗明 / 著

刘颖 吴岩 / 译

中信出版集团 | 北京

图书在版编目（CIP）数据

基因蓝图/（美）罗伯特·普罗明著；刘颖，吴岩
译. --北京：中信出版社，2020.4

书名原文：Blueprint: How DNA makes us who we
are

ISBN 978-7-5217-1550-7

I. ①基… II. ①罗… ②刘… ③吴… III. ①遗传学
-普及读物 IV. ①Q3-49

中国版本图书馆CIP数据核字（2020）第027110号

基因蓝图

著　　者：[美] 罗伯特·普罗明
译　　者：刘颖　吴岩
出版发行：中信出版集团股份有限公司
（北京市朝阳区惠新东街甲4号富盛大厦2座　邮编　100029）
承 印 者：中国电影出版社印刷厂

开　　本：880mm×1230mm　1/32　　印　　张：8.5　　字　　数：157千字
版　　次：2020年4月第1版　　印　　次：2020年4月第1次印刷
京权图字：01-2019-4605　　广告经营许可证：京朝工商广字第8087号
书　　号：ISBN 978-7-5217-1550-7
定　　价：59.00元

服务热线：400-600-8099
投稿邮箱：author@citicpub.com

基因蓝图

目录

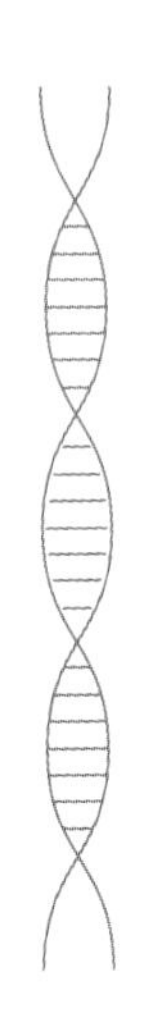

第二部分
DNA 革命

译者序

《基因蓝图》这本书主要关注基因对我们心理差异的影响。作者引用了大量科学研究的结果，阐述“DNA差异是造成心理差异的主要系统性来源”，“是塑造我们的蓝图”。书中以浅显易懂的语言，对基因及其相关概念进行了讲解，不失为一本基础的科普读物。

作为一名生命科学领域的研究者，在进行书稿的翻译前我虽然明了基因的重要性，但更多的是局限于基因对我们生理和病理影响的认知。随着对这本书的阅读和翻译，可能和许多读者一样，我逐渐了解到基因对我们的心理差异具有主要的系统性影响，了解到环境影响虽然重要，但更多的是“随机的，具有非系统性和不稳定性”。能够在现阶段认识到这些，对于我自己来说具有不小的影响。作为一名三岁半孩子的妈妈，我也或多或少有着中国式家长的焦虑，也曾买过几本“育儿经”，试着“照书养”，生怕没有为孩子提供良好的培养环境和培养方式，影响到她的未来。对这本书的阅读和翻译在一定程度上缓解了我的焦虑，使我更加意识到遗传因素对于孩子的性格、兴趣和特长的影响；使我意识到我们不能简单地按照自己的意愿和想法来要求孩子，更不能将书本、邻居或是其他标杆生搬硬套到自己孩子身上。我开始更多地关注和发现孩子的爱好和特长，更多地关注因材施教，使得“基因蓝图”能够发挥其最大的潜力。

诚然，基因蓝图很重要，但它不是宿命论的借口。我们不该因为这些统计学的概率，因为这些用于衡量整个群体在特定时间和特定发展阶段的特征，而忽略了每个个体的独立性和可能性。机会是留给有准备的人的，当那些不可预见的、“随机的”环境因素到来时，曾经的努力和准备也许能够帮助我们更好地成就人生价值。

刘颖

2019年冬于燕园

引言

如果你听说现在有一种能够预测命运的新设备，它标榜自己可以预测抑郁、精神分裂症等心理疾病，以及在学业上能取得的成就，你会怎么想？更重要的是，它可以从你出生的那一刻起就预言你的命运，而且是绝对可靠且毫无偏见的。哦，对了，它的价格只有 100 英镑。

这听起来像是一种流行的心理学噱头，声称能够改变生活，实际上它基于我们这个时代最先进的科学实现。这个“算命先生”就是DNA（脱氧核糖核酸）。利用DNA来了解我们是谁并预测我们未来将会怎样，这种技术在过去三年中刚刚出现，要归功于个人基因组学的兴起。我们将看到这场DNA革命是怎样将DNA个人化，从而赋予我们从出生开始就预测心理优势和劣势的能力。这是一个改变游戏规则的事件，它对心理学、社会和我们每个人都具有深远影响。

利用DNA预测未来是进行了一个世纪的遗传学研究，也是理解了究竟是什么塑造了我们之后所抵达的科技高峰。当心理学在 20 世纪初成为一门科学时，它主要关注的是影响行为的环境因素。环境决定论，即认为我们所接触和学习的东西塑造了我们，这一观点几十年来主导着心理学领域。从弗洛伊德开始，家庭环境或者后天培养被认为是塑造我们的关键因素。直到 20 世纪 60 年代，遗传学家才开始挑战这种观点。从心理疾病到心智能力，这些心理特征显然存在家系的共性。然而，人们逐渐认识到家族相似性可能是由自然因素或遗传导致的，而不仅仅是后天培养，因为孩子与父母具有 50% 的遗传相似性。

自 20 世纪 60 年代以来，通过对双胞胎和被领养者等特殊亲属关系进行长期的研究，科学家收集了大量证据，表明遗传因素对我们之间的心理差异起着重要作用。遗传因素的贡献是巨大的，而且不仅仅是具有统计意义。遗传是塑造我们的最重要的因素，它所解释的我们之间的心理差异，远比其他所有因素加起来还要多。例如，一旦控制了遗传方面的影响，我们的家庭和学校等最重要的环境因素对心理健康或在校表现的影响所占的比例就只有不到 5%。遗传因素对我们心理差异的影响所占的比例超过 50%，这不仅包括了心理健康和在校表现，还有所有其他的心理特征——从性格到心智能力。至今，我还没有发现未被遗传因素影响的心理特征。

“遗传”这个词可以表述许多意思，但在这本书中它指的是DNA序列的差异。DNA序列就是我们自打母体受孕那一刻起，从父母那里所继承的DNA螺旋阶梯上的 30 亿个台阶。想想我们生命最初的单细胞，其中的遗传差异导致的长远影响是多么复杂而令人难以置信。它们影响我们在成年时的行为，那时我们已经从生命最初的单细胞变成了数万亿个细胞。它们在基因和行为之间长期而复杂的发育途径中被保存了下来，这个途径蜿蜒经历了基因表达、蛋白质和大脑形成等过程。遗传研究的厉害之处在于，它能够在不了解中间过程的情况下，检测这些可遗传的DNA差异对心理特征的影响。

了解遗传影响的重要性只是DNA如何塑造我们这个故事的开始。通过研究像双胞胎和被领养者这种能够提供遗传信息的案例，行为遗传学家做出了心理学中的一些最重要的发现，这些发现首次将先天与后天区分清楚。这些发现对于心理学和社会，以及你如何看待是什么塑造了你具有变革意义。

例如，一个意义非凡的发现是，即使是心理学中使用的大多数环境变量因素（例如父母教养、社会支持和生活事件的质量），也都包含了显著的遗传影响。为什么会这样呢？要知道，环境中是没有DNA存在的。正如我们将要看到的那样，遗传影响混入其中，因为"纯粹的"环境因素是不可能脱离我们和我们的行为而单独存在的。我们会部分基于我们的遗传倾向，来选择、修改甚至创造我们的经验。这就意味着这种所谓的环境因素与心理特征之间的相关性，不能被简单地认为只是由环境本身引起的。事实上，造成这些相关性的部分原因是遗传。例如，看似是父母教养对儿童心理发展的环境因素影响，实际上还包含了父母对子女的遗传差异所做出的不同反馈。

在先天与后天之间的第二个重要发现是环境在以意想不到的方式造就着我们。遗传研究为环境的重要性提供了最好的证据，因为遗传只解释了我们之间50%的心理差异。在20世纪的绝大部分时间里，环境因素被称为"培育"，因为家庭被认为是塑造我们的关键。然而，遗传研究表明这个想法大错特错。事实上，同一个家庭培养出来的孩子存在差异，这一点与不同家庭培养出来的孩子存在差异是一样的。家庭成员的相似性要归因于我们的DNA，而不是我们所共享的那些经历，比如一起看过的节目、家庭的教育支持或家庭破裂的影响。让我们与众不同的环境因素其实是一些随机的经历，而非像家庭这样的系统性因素。这一发现的意义是巨大的。这些经历会影响我们，但它们的作用并不持久：在这些环境因素导致我们的人生轨迹出现起伏之后，我们最终还是会回到我们的遗传轨迹上。此外，那些看似系统性的长期环境影响，通常是遗传效应的反映，这是由于我们人为地创造了与我们的遗传倾向一致的经验。

正如我将在本书中所展示的那样，我们在母体受孕时从父母那里继承的DNA差异是心理个体性的一致的、持续的来源，这才是塑造我们的蓝图。蓝图只是一个计划，它显然与最终所形成的三维结构不同——我们长得并不像双螺旋。DNA并不是全部，但是在塑造我们的稳定心理特征方面，它比其他所有因素加起来都更重要。

这些发现要求我们对教养、教育及其他塑造我们人生的事件进行彻底的重新思考。这本书的第一部分针对“是什么塑造了我们”提出了一个新的观点。这对于我们所有人来说都意义深远却饱含争议。它还提供了关于机会均等、社会流动性和社会结构的新观点。

这些重大发现是基于间接揭示了遗传影响的双胞胎和领养研究做出的。20年前，DNA革命始于人类基因组测序。它确定了我们的DNA双螺旋结构30亿个阶梯中的每一个台阶。在这30亿个DNA台阶里，我们有99%以上和其他人一样，这就是人类本性的蓝图。我们之间具有差异的不到1%的DNA序列是使我们成为不同个体的原因，包括我们的心理疾病、性格和心智能力。这些经遗传而得的DNA差异是体现我们个体性的蓝图，也是本书第二部分的重点。

最近，我们实现了直接检测经遗传而得的数百万DNA差异中的每一个，并找出其中哪些对心理特征具有普遍影响。其中一个非同寻常的发现是，我们不能只是寻找少数具有重大影响的DNA差异，而是需要寻找数以千计的小差异，其产生的微弱效应汇总后足以形成对我们心理特征的强大预测因子。截至目前，我们最好的预测结果针对精神分裂症和学业成就。然而，每个月都会有针对其他心理特征的DNA预测因子被报道。

这些DNA预测因子在心理学中是独特的，因为它们在我们的一生中不会改变。这意味着使用这种方法可以从出生开始就预测我们的未来。例如，对于心理疾病，我们不再需要等到病人出现大脑或行为的疾病迹象，然后依赖询问他们的症状进而确诊。利用DNA预测因子，我们可以从出生的那一刻起就预测心理疾病，远远早于任何大脑或行为的疾病迹象被发现的时刻。通过这种方式，DNA预测因子打开了一扇大门：它可以提前预测疾病，并在这些问题产生难以修复的损害之前就进行预防。DNA预测因子在遗传学方面也是独特的，因为我们第一次可以在预测同一家庭中不同成员的平均风险的基础上迈进一步，分别预测每个家庭成员自身的风险。这一点非常重要，因为家庭成员在遗传上存在很大的差异：你与父母和兄弟姐妹在遗传上有50%的相似性，这同时意味着你们有50%的不同。

这些新的DNA研究进展在本书的第二部分将有所描述。该部分最终会以展示DNA预测因子的新时代将如何改变心理学和社会，以及改变我们对自己的认识收尾。DNA预测因子的应用和意义必然会引起争议。尽管我们会讨论它可能带来的一些问题，但我毫不掩饰地承认我本人是这些变化的支持者。无论如何，“基因组精灵”已经被从瓶子里放出来了，不可能再被塞回去。

这本书侧重于心理学，是基于两个原因。第一个原因：心理特征及其影响从根本上决定了我们是谁，以及个体性的本质。这些结论中的大部分同样适用于其他学科，比如生物学和医学，但DNA革命的含义对心理学来说更为个体化。

第二个原因：我是一名心理学家，已经有45年的针对心理健康和疾病、人格、心智能力以及心理障碍的遗传研究经验了。生命中最美好的事情之一就是能够找到你喜欢做的事。20世纪70年代早期，当我还在得克萨斯大学奥斯汀分校读心理学研究生时，我就迷上了遗传学。能够参与现代心理学的遗传研究是相当令人激动的。在我们研究的每一个领域，我们都发现了证实遗传重要性的证据。这是惊人的发现，因为遗传学在此之前一直被心理学所忽视。很幸运，我能够在正确的时间出现在正确的地方，将对遗传学的领悟带入心理学的研究中。

我等了30年的时间才写下这本书。我没有更早做这件事的原因是需要更多的研究来记录遗传的重要性，而我正忙着做这些研究。然而，事后看来，我不得不承认另一个原因：怯懦。这在今天看来可能令人难以置信，但在30年前，研究人们行为差异的遗传起源并在科学期刊上撰写论文是一件具有职业风险的事。将头探出学术界的围墙并在公开场合谈论这些问题，对个人也可能是危险的。现在，时代思潮的转变使得写这本书变得容易多了。等待的一个巨大好处是，这个故事现在更紧迫和令人兴奋，因为DNA革命已经在以30年前没有人能预料到的方式推进着。现如今，我们第一次只依靠DNA就可以有效地预测我们会是谁，以及我们会成为什么样的人。

为了将研究个性化以及分享我做科研的经历，这本书里讲述了一些我自己的故事和我的DNA信息。我希望能够让你以业内人的视角，了解遗传学与心理学相结合所带来的激动人心的协同作用——它通过DNA革命达到顶峰。虽然这本书仅表达了我对DNA如何塑造我们的主观看法，但我已尽最大努力诚实客观地展示研究成果。然而，随着我从数据中进一步发掘这些发现的含义，有一些结论难免会引起争议。我的目标是将我看到的真相说出来，而不是为了所谓的识时务，避免一针见血地指出问题。

我对遗传得来的DNA差异的重要性的关注，可能会在先天与后天的争论消亡很久后再次引来批判。在我的整个职业生涯中，我一直强调先天与后天，而不是先天或者后天。我想表达的意思是基因和环境都会导致人与人之间的心理差异。认识到基因和环境都很重要，可以促进对先天与后天之间相互作用的研究，这是一个成果颇丰的研究领域。

然而，“先天与后天”这种口头禅似的表述的问题在于它有可能将我们带回基因和环境的影响无法被区分开的错误观点。没有人会质疑我们所经历的环境塑造了我们，但很少有人意识到DNA差异的重要性。我之所以专注于描述DNA作为蓝图从而塑造我们的作用，是因为我们现在已经知道DNA差异是造成心理差异的主要系统性来源。环境影响很重要，但我们近年来逐渐意识到它们大多是随机的，具有非系统性和不稳定性，这意味着我们对它们无能为力。

我希望这本书能够就这些问题引发讨论。良好且有效的讨论需要我们对DNA有所了解，这正是本书试图说明的，尤其是在DNA与复杂心理特征的关系方面。我们需要了解一些关于DNA的知识，个体差异的统计数据以及导致DNA革命的技术进步。我试图尽可能简单地解释这些复杂的理论。本书末尾的注释部分提供了关于这些理论及其他主题的参考资料和补充说明。由于本书中处理的问题已经非常复杂，因此我试图避免对其他研究主题的深入解读。虽然这些主题可能非常引人入胜，但对于理解由遗传所得的DNA差异与心理特征之间的关系并非必要。我并不太情愿放弃介绍的研究主题包括进化、表观遗传学和基因编辑。

我希望这本书能够传达我对心理学领域这一历史性时刻的兴奋心情。早期研究的结果逐渐被理解：DNA是主要的系统性力量，是塑造我们的蓝图。这对我们生活的影响是巨大的，包括教养、教育和社会等方面。然而，这些都只是主角登台之前的前戏，重头戏是通过DNA预测心理问题的能力。DNA在基础科学和临床层面变革心理学，以及改变心理学对我们生活的影响，这才是转折点。我们的未来属于DNA。

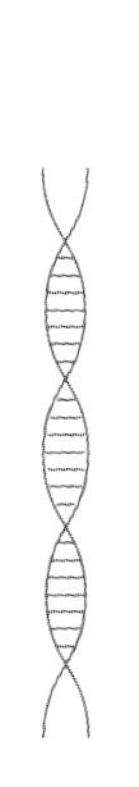

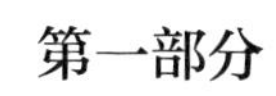

第一部分

为何DNA如此重要?

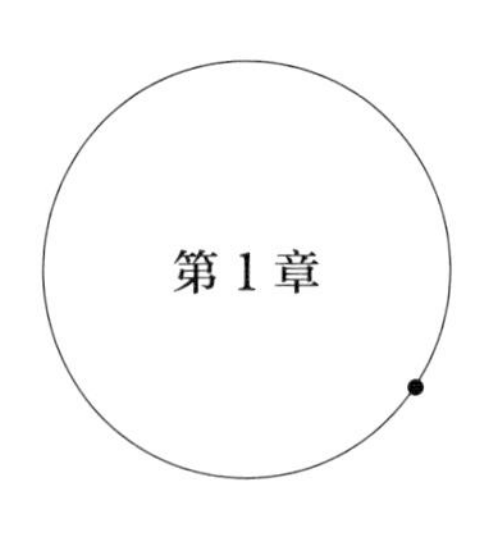

解开先天与后天之谜

我们在很多方面都非常相似。除了少数例外，我们都用两只脚站立；我们的眼睛都长在脑袋前面，使我们可以看到三维图像；最不可思议的是，我们能够学会说话。但我们的身体、生理和心理也有明显的不同。这本书讲述了是什么使我们在心理上与众不同。

心理学家研究数百种心理特征，这些在不同时间和情况下都存在的差异是区分我们的共同标签。这些特征包括性格的维度，例如情绪性和能量水平，以及传统上被评估为“非此即彼”的心理障碍，例如抑郁和精神分裂症。它们还包括认知特征（如一般学习能力，通常被称为智力）和特定的心智能力（如词汇和记忆能力），以及这些特征中的缺陷。

在20世纪的绝大部分时间里，人们认为心理特征是由环境因素决定的。这些环境因素被称为后天培育，因为从弗洛伊德开始人们就认为家庭环境是它们的源头。由于这些特征出现在同一家系中，因此可以合理地假设家庭环境导致了这些特征。

但是，遗传同样存在家族性。在DNA为人所知的50年前，我们就知道直系亲属（如父母和他们的孩子，以及兄弟姐妹之间）在遗传上有50%的相似性。因此，心理特征具有家族性的原因可能是先天（遗传），也可能是后天（环境）。然而，承认先天因素的影响是比较困难的，因为你看不到也听不到DNA，但你可以看到、听到和感受到家庭生活的后天培育，无论它们是好的还是坏的。

那么，先天与后天之中，哪个对心理特征的影响更大呢？首先，请花点儿时间记下你对先天（遗传）与后天（环境）的看法。通过对表1–1中的特征进行评级，你可以将你的评分与其他人的评分进行比

表 1–1　你认为以下特征在多大程度上（从0到100%）可遗传？

特征	
眼睛颜色	______
身高	______
体重	______
乳腺癌	______
胃溃疡	______
精神分裂症	______
孤独症	______
阅读障碍	______
学业成就	______
语言能力	______
面孔记忆力	______
空间能力（例如导航）	______
一般智力（例如推理）	______
性格	______

较，并与遗传研究的结果进行对比。虽然这本书是关于心理特征的，但是我们先将心理特征与少数身体特征（例如眼睛颜色、身高）和医学特征（例如乳腺癌、胃溃疡）进行对比，会非常有帮助。

对于表1–1中的14种特征，请根据你认为遗传因素对造成人与人之间差异性的重要程度进行评分。换句话说，你认为这些特征在多大程度上是可遗传的？如果你认为某种特征没有遗传影响，则将其评为0；如果你认为某种特征完全归因于遗传影响，则将其评为100%。对于某些特征，你可能不知道DNA的影响有多重要，那么可以猜测一下。

你可以将你的评分与表1–2里2017年对5 000名英国年轻人的调查结果进行比较。表1–2的最后一列显示了基于数十年遗传研究的估算结果。这些研究表明遗传的DNA差异导致了我们存在50%的心理差异。换句话说，遗传的DNA差异是塑造我们的主要因素。下一章会探讨我们是如何发现这一真相的，而本书第1章的其余部分则会探讨它对心理学和社会的意义。

表1–2　这些特征有多大程度是被遗传影响的？

	英国5000名成年人的评分平均值（%）	遗传研究的结果（%）
眼睛颜色	77	95
身高	67	80
体重	40	70
乳腺癌	53	10
胃溃疡	29	70
精神分裂症	43	50
孤独症	42	70

（续表）

	英国 5 000 名成年人的评分平均值（%）	遗传研究的结果（%）
阅读障碍	38	60
学业成就	29	60
语言能力	27	60
面孔记忆力	31	60
空间能力（例如导航）	33	70
一般智力（例如推理）	41	50
性格	38	40

选择这14种特征并不是因为它们的可遗传性高。显著的遗传影响不是仅在精神分裂症和孤独症中被发现，而是在所有类型的精神病理，包括情绪障碍、焦虑、注意障碍、强迫型人格障碍、反社会型人格障碍和药物依赖中都存在。在性格、心智能力和精神残疾的各个方面，都发现了显著的遗传影响。

事实上，发现并报道某一种心理特征可遗传已经不再新奇了，因为所有的心理特征都是可遗传的。20世纪的环境决定论发生巨大变革的一个迹象是，我已经无法指出一个没有受到遗传影响的心理特征。

对于遗传影响的估算被称为遗传率，它在遗传学中具有明确的含义。遗传率描述了个体之间的差异有多少可以通过其遗传得到的DNA差异来解释。“差异”这个词是其定义的关键。这本书讲述了在心理层面上是什么造成了我们之间的差异。

有许多相关词汇可能会造成与遗传率的混淆。“先天”和“天生”

指的是进化上非常重要的普遍特征，它们至少在我们进化的环境范围内不会发生变化。我们都用两条腿走路；我们的头前方都有眼睛，可以感知深度；我们都有基本的反射，例如有气吹到眼睛时，眼睛会眨。这些特征是由人类个体间相同的99%的DNA决定的。相比之下，遗传率与我们之间具有差别的1%的DNA有关，它们导致了我们的行为差异。尽管先天特征是由DNA编码的，我们却不能讨论它们的遗传率，因为先天特征在彼此之间并没有差异。

像"遗传的"和"继承的"这样的词汇，以及像"在我的基因里"或"在你的DNA中"这样的俗语，都表述了与DNA有关的事情。它们包括我们之间相同的99%的DNA和那1%使我们与众不同的DNA。它们还包括非遗传得来的或者不能遗传给我们后代的DNA突变，例如皮肤细胞中导致皮肤癌的DNA突变。

在科学领域，当一个词具有多种含义和内涵时，用一个新词对它进行表述，从而使它只具有你想要表达的意思，这是非常有帮助的。这就是其英文含有6个音节而且绕口的"遗传率"出现的原因。它使像体重这样的特征可以遗传的程度被指数化。70%的体重遗传率意味着人们70%的体重差异可归因于他们经遗传得来的DNA序列差异，另外30%可能是饮食和运动等系统性环境因素造成的。但是，正如我们将要看到的那样，导致我们彼此不同的环境因素是我们几乎无法控制的非系统性随机事件。

遗传率常常被误解。例如，它不像光速或重力加速度那样是常数。它是一个统计值，描述了特定人群在特定时间受到该群体特定的遗传和环境因素的影响。有一种更简单的表述方式：它描述了"是什么"，但不能预测"可能是什么"。换一拨人，或者同一群人在不同时间，受到遗传和环境因素影响的程度都可能有所不同。遗传率可以反映这些差异。例如，体重的遗传率在美国等较富裕国家明显高于阿尔巴尼亚和尼加拉瓜等较贫穷国家。较富裕国家的人更容易获取快餐和高热量零食，这会导致更高的遗传率，因为它暴露了遗传差异在体重增加方面的倾向。

关于遗传率的其他几个常见误解源于对“是什么”和“可能是什么”之间的混淆，以及对单独个体而非群体中的个体差异的思考。目前，表 1–2 中显示的遗传研究结果表明，遗传对于个体差异至关重要。

你的评分结果与遗传研究的结论相比如何呢？表 1–2 中的“评分平均值”表明大多数人都认可遗传的影响。然而，大多数人的猜测和研究结果之间依然存在一些巨大的差异，探索这些差异是具有启发意义的。

这些特征中差异最大的是乳腺癌。平均而言，人们认为乳腺癌基本上（53%）是遗传性的。但研究表明，它是 14 种特征里遗传率最小的（10%）。换句话说，为什么有些女性会患乳腺癌，而其他女性却没有患病？遗传因素只占答案概率的 10%。

有一项证据清楚地说明了这一点：一个与乳腺癌患者是同卵双胞胎的女性患乳腺癌的风险会略高，尽管同卵双胞胎就像克隆一般会遗传相同的 DNA。所有女性患乳腺癌的平均比例约为 10%。但是，如果乳腺癌患者是同卵双胞胎的女性，其乳腺癌发病率也仅为 15%。虽然这意味着相对风险增加了 50%，但从绝对意义上说，这意味着在 85% 的情况下，当同卵双胞胎中的一个患有乳腺癌时，她的同卵双胞胎姐妹不会患乳腺癌。因为同卵双胞胎在遗传上是相同的，所以她们是否会患乳腺癌必然是环境差异决定的。

我们不知道这些重要的环境差异是什么。它们可能是饮食、生活方式或疾病等系统性因素，也可能是由乳腺中特定细胞偶然出现的非遗传突变导致的。但是，这项遗传研究的重要结论是乳腺癌的遗传率很低。

为什么人们认为乳腺癌的遗传率会比实际高？大多数人说他们认为乳腺癌具有高度的可遗传性，是因为他们听说乳腺癌的致病基因被发现。确实有一些与乳腺癌相关的遗传性DNA差异被发现，但这些DNA变异非常罕见，对整个人群的影响不大。

尽管乳腺癌是遗传率最小的特征之一，但它通常是由DNA差异引起的，只不过这些DNA差异并非来自遗传。当遗传学家说某种特征具有遗传性时，指的是继承的DNA差异。人们常说眼睛颜色具有高度的可遗传性，就符合这个意思：你从父母那里继承了它。这是遗传影响的一个非常狭义的解释，因为它排除了许多其他不能遗传的DNA差异。乳腺癌和许多其他癌症是由特定的体细胞（如乳腺细胞）偶然发生的DNA突变所引发的。我们既不会从父母那里继承这些DNA突变，也不会将这些突变传递给我们的孩子。

与这种狭义但具体的将“遗传”定义为继承的DNA差异相比，环境影响的定义非常广泛，代表着所有并非来自遗传DNA差异的影响。这种环境的定义要比心理学家研究的典型环境影响（如家庭、邻里、学校、同事和工作环境）宽泛得多。就像在乳腺癌这个例子中一样，它甚至包括不会遗传的DNA差异。这种宽泛的环境的定义甚至还包括产前影响、疾病和饮食等一切不是由可遗传的DNA差异所引起的因素。从这种意义上说，遗传学家在提到环境时用的一个更好的词是“非遗传的”。

人们对遗传率的猜测和研究结果差异较大的另外两个特征是体重和胃溃疡。关于这两种特征的认知差异正好与乳腺癌相反：人们认为体重和溃疡是遗传率最低的生理特征。但研究告诉我们，它们是最具遗传性的特征。在我们的调查中，平均而言，人们猜测体重和胃溃疡的遗传率分别为40%和29%。但遗传研究表明，体重和溃疡的遗传率约为70%。

在询问人们为什么会认为体重和溃疡比其他特征更不具遗传性时，他们说体重是意志力的问题，而溃疡则是由压力导致的。意志力和压力被认为是受环境驱动的。然而，这些假设是错误的，理解其中的原因则至关重要。

人们认为意志力是决定体重的关键，原因是如果停止进食自然就会减重。我们的社会文化经常指责超重的人，好像他们因缺乏自我约束力而无法停止进食。然而，发现人们体重差异的70%是由他们遗传得到的DNA差异所导致的，这其实并不与任何人如果完全停止进食都可以减重的真实结论相矛盾。任何人如果突然无法获得食物或者利用胃结扎来限制他们的进食量，都会减重。正如我们所看到的，遗传研究的重点不是什么会产生差异，而是哪些因素已经在人群中造成了差异。也就是说，遗传研究描述“是什么”，而不是预测“可能是什么”。

体重这一特征有70%的遗传率意味着平均而言，你所看到的人与人之间体重的差异主要是由可遗传的DNA差异所导致的，尽管在饮食、运动和生活方式等方面都存在着个体差异。出于遗传的原因，有些人会发现自己很容易长胖，却非常难以减肥。

同样地，没有证据表明胃溃疡是由压力引起的。胃溃疡实际上通常是由细菌感染引起的，但这并不意味着DNA差异不重要。遗传是导致易感性差异的关键因素，正如遗传影响了对食物诱因的敏感性，从而影响体重一样。遗传驱动的环境易感性差异是遗传差异使人们产生生物学和心理差异的重要机制。

那么，心理特征又有什么样的结果呢？对于列表中的最后9个特征，人们的平均猜测结果为36%，这是相当可观的数字，尽管仍远低于遗传研究结果所预测的58%这一数值。

人们的猜测和研究结果之间差异最大的特征之一是学业成就，这是我的一个研究方向。我们的调查问卷平均得分为29%，但遗传研究一致表明，学业成就测试成绩表现的平均遗传率为60%。也就是说，孩子们在学校表现得如何，超过一半的差异是由遗传所得的DNA差异造成的。

这些平均的猜测结果掩盖了被调查者彼此之间观念上的巨大差异。最大的差别体现在对心理特征的估测上。例如，孤独症的平均得分为42%，但有6%的被调查者认为孤独症是100%可遗传的，另外有14%的被调查者则认为它完全没有遗传性。

如果你低估了遗传对心理特征的影响，那么像你一样的人并不少。被调查者就遗传对心理特征影响做出的估测存在着相当大的差异。总体而言，15%的被调查者将这些特征评定为完全没有遗传性。

那么是否有些被调查者本就是“环境主义者”，认为所有这些特征都不受遗传影响；而另一些被调查者则是“遗传主义者”，认为一切都是可遗传的呢？事实并非如此。那些认为一个特征高度可遗传的人，并不一定对其他特征怀有相同的看法。

这项调查的结果对于我如何撰写本书至关重要。过去，在心理学家和社会公众尚未接受遗传影响的重要性时，我会煞费苦心地强调表1–2中“遗传研究的结果”一栏的数据。然而，我们的调查结果表明，时代思潮产生的巨大改变已使我不再需要这样做了。大多数人都认为DNA对心理特征有影响，即便他们低估了它的影响力也是如此。

我希望我对时代思潮的解读是正确的，否则将会有成千上万的研究需要回顾。仅在过去的5年中，就有超过20 000篇论文发表。在这本书里浓缩这些研究结果，将会是相当无聊的。因为在心理学的所有领域，最根本的结论是相似的。正如你在表1–2中所看到的，心理特征基本上都是可遗传的，遗传率平均约为50%。

遗传率无处不在，这被称为**行为遗传学第一定律**：所有的心理特征都显示出显著的遗传影响。

我们的调查结果表明，我们不再需要花费精力让大多数人相信DNA对人类个体差异有影响。在本书的下一章中，我们将介绍得出行为遗传学第一定律的实验方法和一些研究结果，而不再需要列举大量的证据来支持表1–2中的遗传研究的结果。

这本书的第一部分介绍心理学中的一些最重要的发现，这些发现远不止于估算遗传率。这些发现将遗传学添加到了主流心理学研究中，而之前主流心理学研究很明显是忽略了遗传学的。通过区分先天与后天的影响，而不仅仅是假设只有后天塑造了我们，这些研究用一种全新的视角来思考先天、后天及其相互作用对我们的影响，产生了令人吃惊的结果。

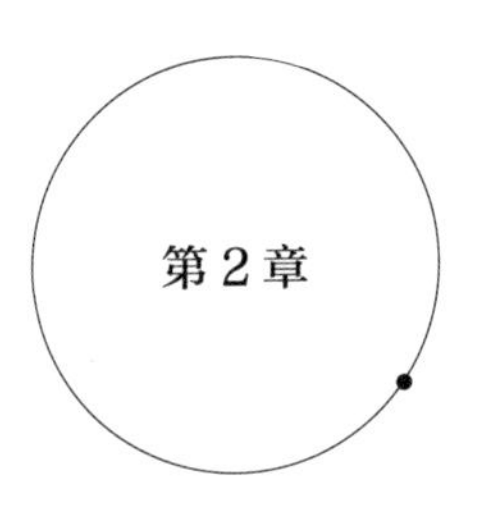

如何得知DNA塑造了我们?

在认知心理学中，借助逸事和思想实验可以获得基本的结论。在神经科学领域，大脑成像中活跃的区域产生了想法。进化心理学也很容易描述，因为它的证据取决于物种之间的平均差异。然而，描述遗传对心理学的影响是比较困难的，因为遗传不是关于我们所有人的思考方式，也不是关于我们的大脑在一般情况下如何运作，或者我们作为同一物种的样子。遗传有关个体之间的差异，而不是群体之间的差异。这是个体性的本质。

要描述个体差异的遗传起源，逸事是不够的，思想实验是不可能的。理解前一章中对于遗传影响的估测，需要掌握得出这些估测结果所用的方法和分析手段。这也需要一些统计方法，即针对个体差异的统计。

在本章中，我选择用体重的个体差异来说明行为遗传学方法，有如下三个原因。

首先，虽然体重是一种身体特征，但它是健康心理学研究的一个主要领域。体重是行为的结果：我们吃什么、吃多少以及做多少运动都会对它有影响。而心理学恰恰就是研究行为的科学。在许多方面，肥胖其实是一种心理问题。

其次，正如我们在前一章的调查中所看到的那样，人们对体重遗传率的认知远远低于其实际值（40%相比于70%）。我希望这让得出70%遗传率的实验证据更有趣。

最后，每个人都能准确地测量体重。相比之下，对心理特征的测量就不那么明确了。例如，对性格特征的测量通常依赖于对问题的自我解答来进行评估，而对精神病理的诊断则主要依赖于面谈。

体重包含了与理解心理特征起源相关的所有问题。遗传分析的出发点是家族相似性，即这个特征是否在家庭成员中都有体现。对于体重，如果你看看你认识的家庭，就会发现这种家族相似性是很强的。瘦的人可能会有比大多数人更瘦的父母和兄弟姐妹。如果体重不具有家族相似性，遗传对于它而言就不重要了。

体重具有家族相似性，同时出于先天（遗传）和后天（环境）的原因。一个世纪以来，遗传研究依赖于两种方法区分先天与后天的影响：领养方法和双胞胎方法。这两种方法有不同的假设及各自的优缺点。尽管这两种研究方法存在很大差异，但领养和双胞胎研究得出了相同的结论：遗传所得的DNA差异在产生心理特征方面起到了重要作用。

一个社会学实验：领养

区分先天与后天的一种方法是，找到共享先天但不共享后天环境的亲缘关系，从而检验遗传效应。领养正是一个这样的社会实验。当孩子们一出生就被领养时，我们可以评估孩子与他们的亲生（遗传）父母之间的相似度。这些父母与他们的孩子共享了先天遗传，但不共享后天环境。如果先天遗传是体重具有家族相似性的原因，那么被领养的孩子应该更像他们的亲生父母，而不是他们的养父母。

领养研究也提供了对后天环境因素的直接检验。如果后天环境是体重具有家族相似性的原因，那么被领养的孩子应该更像和他们共享后天环境因素的养父母。像其他养育自己亲生子女的父母一样，养父母为领养来的孩子提供了家庭环境，包括他们所吃的食物，以及塑造了他们健康或不健康的生活方式。

尽管如此，父母和他们的孩子年龄相差至少20岁，他们在不同的环境中长大。因此，更好地检测家庭环境影响的方式是研究具有相同环境的兄弟姐妹。大约有1/3的领养家庭会同时领养两个孩子。这些孩子有不同的亲生父母，相互之间并没有血缘关系，但他们在同一个家庭中长大。如果后天环境解释了体重的个体差异，那么领养来的孩子们的体重特征应该相似，和那些同时共享先天和后天环境的孩子一样。

在我职业生涯初期，领养比现如今更加普遍，使得我有机会进行了领养相关的研究。1974年，在得克萨斯大学奥斯汀分校获得博士学位后，我在科罗拉多大学博尔德分校获得了梦寐以求的工作，并在心理学系和行为遗传学研究所获得了联合教职。该研究所是全世界唯一从事此类研究的机构。我决定开始一项关于心理发展的长期纵向研究。对于新任的助理教授来说，开始这样一个长期的项目可不是一个好主意，因为这种项目不会很快得到回报，从而确保他们能够保住工作并得到晋升。但是，谁让我是一个无可救药的乐观主义者呢。

领养实验的设计在区分先天与后天影响方面的作用尤为强大。因为它可以同时包括“遗传父母”、“环境父母”和“遗传+环境父母”。“遗传父母”是被领养孩子的亲生父母，“环境父母”是这些孩子的养父母。“遗传+环境父母”指的是我们常见的，父母与孩子共享先天与后天环境的情况。这种设计可以对遗传和环境因素的影响进行有力评估。

20世纪70年代初，美国的领养率达到了顶峰。摇摆不定的20世纪60年代掀起了一场性解放。未婚女性所生婴儿的比例从1960年之前的不到4%增长了三倍，在20世纪70年代达到15%以上。虽然避孕药在1960年被美国食品药品监督管理局批准并被已婚妇女广泛使用，但年轻的单身女性直到20世纪70年代中期才开始服用它。堕胎在当时被禁止，而未婚女性独自抚养孩子则会受到指责。直到1973年美国最高法院的罗伊诉韦德案（Roe v. Wade）才使在怀孕头三个月堕胎变得合法化，又过了数年合法堕胎才正式出现。

在20世纪70年代，怀孕的未婚女性（特别是具有宗教信仰的女性）经常离家去“未婚母亲之家”生下孩子，然后放弃婴儿的抚养权，让他们被领养。被领养的孩子在出生第一周后就见不到他们的生母了，而且领养记录会被严格保密。现在被领养的孩子少多了，而且大多数领养是“开放式的”，即允许亲生父母和养父母之间保持联系。

在博尔德的开始几个月里，我在丹佛选定了两个私人的宗教性质的附属领养机构。这两家机构每年能安排几百名新生婴儿的领养。令我惊讶的是，领养机构欣然同意与我合作开展这项研究。

我们一起解决了几个问题，其中的主要问题是维护母亲及其子女的匿名性和保密性。这些年轻女性中的大多数是青少年（平均年龄为19岁），她们离开了自己的家、朋友和家人，在没有人知道的情况下分娩。她们只想毫发无伤地回到她们的正常生活中。我们制定了一个体系，在其中孕妇不会提供任何识别信息，因此我们无法与她们进一步接触。

这些年轻女性中有数十名在怀孕的中后期生活在一起，住在由领养机构开设的特殊护理院。我的计划是在她们各自的护理院中对她们进行集体测试。在约定的3个小时访问期间，我试图尽可能多地获取她们的信息，因为根据协议在这之后我不会再与她们有任何联系。这些测试包括认知测试和关于性格、兴趣、才能以及精神病理学的问卷调查。我还收集了有关教育和职业、吸烟和饮酒情况，以及身高和体重的信息。

我想给这些孩子的养父母做同样的测试。我还想去养父母的家中拜访，以研究他们的养子女的成长。领养机构鼓励养父母公开他们的领养，特别是告知孩子。正因为他们没有将领养视为秘密，所以我能够向潜在的养父母团体解释这个项目，并且发现大多数人都渴望参与这项研究。我认为这种渴望反映了他们想要了解孩子及其发展的意愿。尽管在20世纪70年代早期有比现在更多的新生儿可被领养，但是领养孩子仍然不容易。例如，养父母必须提供他们不育的证据。他们在大量的面试中被问及他们想要领养孩子的理由。他们必须允许社工家访以评估他们的家庭是否适合领养。从和领养机构首次接触到最终领养安置儿童，平均时间为三年。

由于领养机构是宗教性的、非营利性的慈善机构，因此他们并没有根据财富情况选择养父母，他们只是希望养父母中至少有一位是基督徒。养父母在受教育程度和职业地位等方面，相对来说足以代表有子女的美国家庭。

两年来，我的大部分周末都花在开车30英里①从博尔德到丹佛，与一群未婚妈妈一起进行测试。我很容易从这些“圈养”的群体收集到数据，因为她们在集体住宅中生活了几个月，确实已经感到非常无聊。这里几乎所有的未婚妈妈都同意参加我的测试。

父母对子女发育的遗传影响可以直接根据“遗传父母”（亲生父母）与其被领养子女的相似性来估测。领养实验设计的另一面可以直接估测“环境父母”（养父母）对其领养的子女的影响。在我获得经费资助从而可以聘请研究人员帮助我进行测试后，我增加了一个匹配的对照父母样本——父母分娩并抚养自己的孩子，这些是“遗传+环境父母”。所有的父母都同意采用与分娩母亲相同的评估体系。

我的目标是研究250个领养家庭和250个匹配的对照家庭，从婴儿时期直到幼年早期，在他们家里进行年度评估。其中1/3的领养家庭收养了第二个孩子，我也想研究这些孩子以及对照家庭里的兄弟姐妹。最让我激动的是，在领养研究中首次使用问卷调查、访谈和观察的方法评估了家庭环境，还包括观看记录父母与子女之间互动的录像带。

这项名为科罗拉多领养项目（Colorado Adoption Project, CAP）的研究并未在幼年早期就结束，因为研究的价值随着每一轮评估而增加。这些孩子在7岁、12岁和16岁的时候在实验室接受了研究，并在这期间的其他年份里接受了电话采访。在16岁时，超过90%的CAP

① 1英里≈1.6千米。——编者注

研究受试儿童完成了他们父母在16年前完成的相同评估。这些年来，我们也通过问卷调查和电话访谈对家长和家庭环境进行了评估。这项研究今天仍在继续进行，当年的孩子现在已经40多岁了。

这项研究的结果已在4本书和数百篇研究论文中被描述。CAP研究结果支持行为遗传学第一定律，即心理特征显示出显著的遗传影响。例如，我们证实了即便早在儿童时期（7岁时），遗传就对智力、特定的认知能力（包括语言能力、空间能力）、不同类型的记忆（例如，通过长相回忆姓名）及阅读能力具有显著影响。研究人员发现遗传对婴儿的性格也表现出影响，尤其是害羞的体现。老师给出的评分表明，性格在青春期是具有高度遗传性的。行为问题也表现出显著的遗传影响，例如父母和老师对注意力问题的评价，以及孩子自我报告的孤独感。

但是，CAP研究最重要的贡献是发现了以下章节中将要描述的一些重大发现。例如，这是第一项报道遗传对环境度量的影响的研究。环境度量如何体现遗传影响？你将在下一章中找到答案。

一个生物学实验：双胞胎

如果领养是一种区分先天与后天效应的社会学实验，那么双胞胎就是一种生物学实验。同卵双胞胎是对遗传最清晰的体现。同卵双胞胎来自同一个受精卵，这就是为什么他们具有相同的DNA，以及为什么在科学术语中他们被称为同卵双生/单卵双生/单卵双胎。每350人中大约有一人是同卵双胞胎中的一个，所以你大概至少认识一对同卵双胞胎。

如果你不认识同卵双胞胎，那么你可能听说过一些有名的同卵双胞胎，比如互联网企业家卡梅伦和泰勒·温克尔沃斯，他们在哈佛创建了一个社交网站并声称这是脸谱网的灵感来源。你可能也听说过美国橄榄球运动员隆德和蒂奇·巴伯。20世纪50年代臭名昭著的东区罪犯罗尼和瑞吉·科雷也是同卵双胞胎。阿什莉和玛丽–凯特·奥尔森也是如此。尽管看起来非常相似，但她们声称自己实际上并不是同卵双胞胎，这一说法可以轻易通过DNA测试进行验证。如果显示任何可遗传的DNA差异，她们就不会是同卵双胞胎。

如果体重的遗传率是100%，那么同卵双胞胎将具有相同的体重。与其他家庭成员一样，同卵双胞胎体重的相似性可能归因于后天，也可能归因于先天。对遗传影响最具成效的测试应该是研究在生命早期被分开领养的同卵双胞胎。他们完全共享先天因素，但没有共享后天因素，所以他们的相似性是对遗传影响的直接测试。

同卵双胞胎被分开领养是非常罕见的，全世界范围内也只有几百例得到研究。这些案例产生了一些惊人的相似性。第一例被研究得非常透彻的是“吉姆双胞胎”，他们在20世纪30年代末出生于俄亥俄州。他们在4周岁的时候被不同的夫妇分别领养，他们的养父母并不知道他们所领养的孩子是一对双胞胎中的一个。这对双胞胎之所以出名，是因为在1979年当他们已经39岁时第一次重聚，竟发现一些惊人的相似之处。例如，两个吉姆在拼写方面都表现不佳，但都很擅长数学。他们在木工和机械制图方面有着相似的爱好。他们都在18岁时开始患上紧张性头痛，在同样的年龄长胖了5千克。他们的身高都是183厘米，体重都为82千克。

这些都是逸事，逸事再多也并不是研究数据。尽管被分开领养的同卵双胞胎并不是很多，但是他们的研究结果都支持了其他遗传研究得出的遗传影响显著的结论。一般来说，被分开领养的同卵双胞胎和被共同养育的同卵双胞胎具有几乎一样的相似度，这说明导致他们如此相似的是先天，而不是后天。

最被广泛使用的区分先天与后天效果的方法是研究被一起养育的双胞胎。双胞胎是上天赐予科学研究的礼物，因为世界上存在着两种类型的双胞胎，而不仅仅是同卵双胞胎。所有的分娩中大约有1%的概率是双胞胎。其中1/3是同卵双胞胎，其余的被称为异卵双胞胎——因为他们来自两个同时受精的卵。像任何其他的兄弟姐妹一样，异卵双胞胎在遗传上具有50%的相似性。

同卵双胞胎和异卵双胞胎都在同一个子宫内长大，并且通常都在同一个家庭中长大。因此，如果某个先天因素对于特征很重要，那么你可以预测同卵双胞胎将比异卵双胞胎更相似。如果某个特征的个体差异完全由可遗传的DNA差异所导致，那么同卵双胞胎在这个特征上的相关系数是1.0，而异卵双胞胎的相关系数则为0.5。如果遗传差异不重要，同卵双胞胎和异卵双胞胎的相似程度就应该是一样的。

1994年我获得了一份令人兴奋的工作，搬到伦敦帮忙创建一个学科交叉的研究中心。该中心的目标是将遗传和环境研究结合起来，从而研究心理发展过程中基因与环境之间的相互作用。这也解释了该中心那个长长的名称：社会、遗传和发育精神病学中心。这个中心如今仍在伦敦国王学院的精神病学、心理学和神经科学研究所蓬勃发展。我目前也仍然在这里工作。

这次工作的转换让我有机会开始一项新的长期纵向研究——对双胞胎的研究。我想创建一项规模巨大的全国性双胞胎研究，它将有能力区分先天与后天在发育过程中的影响。系统地做到这一点的唯一方法是从出生记录中找到那些双胞胎。虽然我在科罗拉多州的时候就开始了一项关注婴儿期的双胞胎研究，但由于出生记录在美国是由每个州分别管理的，因此很难启动一项全国性的双胞胎研究。我在英国很幸运，因为出生记录刚刚在1993年数字化。而恰巧在那时，出生记录也开始首次记录新生儿是否是双胞胎。

英国每年约有7 500对双胞胎出生。我的目标是邀请1994—1996年间出生的双胞胎的父母，这将包括超过20 000对双胞胎。我想从双胞胎一出生就开始研究其心理发展，并在婴儿期、童年期、青春期和成年期追踪调查他们，探讨遗传和环境影响如何随年龄而变化。我把这项研究称为双胞胎早期发育研究（TEDS）。

TEDS很顺利地开始了。参与这项研究的双胞胎父母是其他父母的两倍，因为他们知道双胞胎是很特殊的，对双胞胎的研究可以促进科学的发展。超过16 000个有一岁大双胞胎的家庭同意参加TEDS。这一点令人印象特别深刻，因为双胞胎家长带孩子的工作量是普通家庭的两倍还多。这些父母已经忙得焦头烂额了，但他们欣然同意为科研做出贡献。

研究双胞胎的方法基于比较同卵双胞胎和异卵双胞胎。你怎么知道一对双胞胎是同卵还是异卵呢？因为同卵双胞胎在遗传上是相同的，所以他们的所有遗传率高的特征都非常相似，例如：身高、眼睛颜色、头发颜色和外表。他们很难区分，有时候这会成为他们的烦恼（双胞胎经常被混淆），而这往往也成为他们的娱乐方式（故意迷惑他人）。在确定一对双胞胎是否同卵时，只需要问一个问题就可以达到超过90%的准确率：他们是否像豆荚中的两个豌豆一样相似呢？

最终的验证手段是DNA。同卵双胞胎具有相同的DNA序列，但异卵双胞胎的DNA仅具有50%的相似性。因此，如果一对双胞胎显示出DNA差异，他们就不会是同卵双胞胎。这就是为什么我之前说过，奥尔森双胞胎姐妹是否是同卵双胞胎可以通过DNA测试轻松地解答。TEDS已经获得超过12 000对双胞胎的DNA数据，研究的成就远远超出了辨别双胞胎是同卵双胞胎还是异卵双胞胎。它使TEDS成为DNA革命的最前沿。

当双胞胎长到2岁、3岁、4岁、7岁、8岁、9岁、10岁、12岁、14岁和16岁时，参与TEDS的家庭被邀请参与研究。如今，我们在双胞胎21岁进入成年期时，又对他们进行研究。与只有500个家庭参与的科罗拉多领养项目不同，去家访成千上万的TEDS双胞胎从经费上来说是不可能的。需求是发明创造之母。我们创造了远程评估儿童发育的新方法。当孩子们分别在2岁、3岁和4岁时，我们邀请双胞胎的父母作为测试的执行者来评估双胞胎的认知和语言能力发育。在他们7岁时，我们通过电话对双胞胎进行认知能力测试。在TEDS双胞胎10岁时，英国家庭互联网访问的普及程度足以让我们在线进行认知能力测试。从那时起，我们所有的评估都是在线进行的。

我们还针对那些由学校传授的认知技能，尤其是阅读和数学能力，创建了基于网络的测试。此外，我们能够使用来自英国国家学生数据库的TEDS双胞胎数据。该数据库包括所有7岁、11岁和16岁儿童的英语、数学和科学的标准化学校成绩数据。

虽然认知和语言能力发展是TEDS的研究重点，但我们还收集了来自父母、老师及双胞胎自己的关于心理问题、健康以及家庭和学校环境的问卷调查数据。

总而言之，TEDS 的数据集包括 20 年来从父母、老师和双胞胎那里所收集的 5 500 万项数据。TEDS 的研究结果已在 300 多篇学术论文和 30 篇博士答辩论文中被报道。与 CAP 一样，TEDS 已经证明许多特征（其中一些特征是 CAP 研究中没有包含的）遵循行为遗传学第一定律。例如，在认知领域，我们发现从人文科学到自然科学，孩子们在学校里的所有学科表现基本上都是可遗传的。我们还发现，阅读和语言的组成部分（如语音和流利程度）是高度可遗传的。我们第一次证明学习第二语言的个体差异也是高度可遗传的。我们还深入研究了空间能力的各个方面，例如根据地图导航的能力，结果再次显示了无处不在的遗传性。

在性格和精神病理学领域，我们也研究了前一章所提到的特征之外的其他特征。例如，我们发现在儿童期缺乏同情心和无视他人（被称为冷酷无情）的特征，具有较高的遗传率。这种特征被认为是精神病的早期征兆。多动症和注意力不集中等注意缺陷多动障碍（ADHD）症状也表现了高度遗传性。我们还研究了幸福相关的许多方面，例如生活满意度和幸福感，结果同样地显示了显著的遗传性。

像 CAP 这样的领养研究和 TEDS 这样的双胞胎研究在评估遗传影响方面具有不同的优势和劣势。尽管存在这些差异，但双胞胎和领养研究都得出了基本相同的结论，即遗传对心理特征的影响是巨大的。行为遗传学第一定律已将此阐释清楚，那么现在更有意思的是使用领养和双胞胎研究来做比对遗传率的估测更多的事。

与 CAP 一样，TEDS 最重要的贡献在于发现了以下章节中将要描述的重大发现。例如，TEDS 率先表明了所谓的缺陷在遗传上并没有超出正常的变化范围。虽然这听起来可能并不太令人兴奋，但这一发现对临床心理学具有深远意义，因为它意味着其实并不存在所谓的缺陷，也就是说“异常是正常的”（这是本书后面一个章节的标题）。

至关重要的是，TEDS一直处于DNA革命的最前沿，这是本书第二部分的重点。

*

如果可遗传的DNA差异对个体的体重差异很重要，那么我们可以明确地预测领养和双胞胎实验的结果。例如，领养的孩子应该像他们的亲生父母而不是像他们的养父母。同卵双胞胎应该比异卵双胞胎更相似。

领养和双胞胎研究的数据可用于研究遗传影响是否存在显著的统计学意义。但这些数据也可用于估测可遗传的DNA差异的重要程度。DNA差异对个体的体重差异影响所占的比重是40%还是50%并不重要，但如果DNA差异的重要性像人们在我的调查评估中所认为的那样占40%，而实际研究结果表明它占70%，那就很重要了。因为如果答案是70%，就意味着人与人之间的大部分体重差异是由DNA差异造成的。这对个人和政策制定产生的影响，我将在后面进行讨论。

为了解释70%这个估测结果，我们需要个体差异的统计数据。有两种个体统计的基本方法：方差和协方差。这些对于理解遗传学以及解释所有关于个体的科学数据至关重要。

方差是描述人们相互之间差异程度的统计量，而协方差则指示相似度。大多数人更熟悉术语“相关系数”，它描述了两个特征之间的关系。一种更科学的解释是相关系数表示协变的方差的比例。相关系数为0意味着两个特征之间没有相似性，而相关系数为1.0则意味着它们完全相似。

举个例子，你认为体重和身高之间的相关系数是多少？显然，较高的人体重会较重，因此相关系数不会是零。但是，这种相关性有多强？相关系数为0.1表明相关性弱，0.3表明相关性适中，而0.5则表明相关性很强。事实上，体重和身高的相关系数是0.6。这些就是你为了弄懂遗传数据所需要真正理解的全部统计学知识。但如果你想知道更多，在本书最后的注释部分，我将以体重和身高之间的相关性为例，更详细地描述个体差异的统计数据。

在遗传学中，相关系数被用于评估两个家庭成员之间的关联，例如一对双胞胎中的两个成员。换句话说，我们不是将同一个体的特征（例如身高和体重）进行关联，而是将双胞胎中一个的特征与另一个的同一特征进行关联。双胞胎的相关系数表明双胞胎有多相似。和之前一样，相关系数为0，意味着双胞胎完全不相似；相关系数为1.0，意味着他/她们完全相似。

图2–1是使用来自TEDS的研究数据，做出的双胞胎其中一个与另一个体重的散点图。第一个散点图是600对同卵双胞胎的，第二个是600对同性异卵双胞胎的。异卵双胞胎可以是同性也可以是异性，但由于同卵双胞胎总是同性的，因此更好的对照组是使用同性异卵双胞胎。

散点图显示同卵双胞胎的相关性大于异卵双胞胎。同卵双胞胎的散点图比异卵双胞胎的显示出更少的数据点散射。换句话说，当已知双胞胎中一个的体重然后对另一个的体重进行预测时，对同卵双胞胎

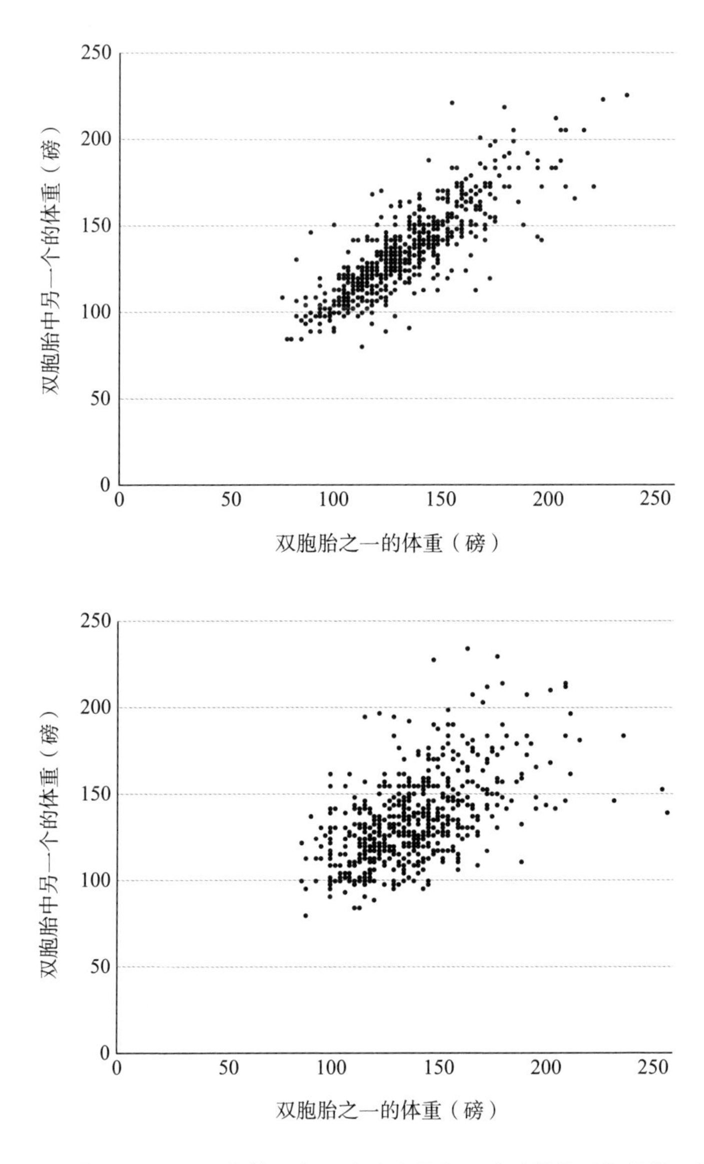

图2–1　散点图显示了16岁的同卵双胞胎和异卵双胞胎的体重相关性，同卵双胞胎（上图）相关系数为0.84，异卵双胞胎（下图）相关系数为0.55

的预测会比异卵双胞胎更准确。由这些TEDS数据得出的同卵双胞胎的相关系数为0.84，而异卵双胞胎则为0.55。同卵双胞胎的相关系数为0.84，这与相隔一年两次测量同一个体体重的结果之间的相关系数几乎相同。相反，异卵双胞胎的相关系数要低得多，只有0.55。同卵双胞胎的相关性大于异卵双胞胎，这个结果证明了遗传影响。

同卵双胞胎和异卵双胞胎相关性之间的差异可用于估计遗传率。遗传率是本书的核心，因为它表明了DNA在多大程度上塑造了我们。

如前所述，对遗传率最直接的估测基于被分开领养的同卵双胞胎的相关性。他们的相关性直接估测了遗传率。如果被分开领养的同卵双胞胎的相关系数为0，则遗传率为0；相关系数为1.0，则表示遗传率为100%。

尽管被分开抚养的同卵双胞胎非常罕见，但已经有数百对的研究结果被报道。有一项著名的研究是在美国明尼苏达州进行的双胞胎研究，涉及56对被分开抚养的同卵双胞胎，包括前面提到的“吉姆双胞胎”。他们体重的相关系数为0.73。我参与了瑞典的一项研究，该研究从出生记录中系统地辨别双胞胎，然后发现了超过100对被分开抚养的同卵双胞胎。这些双胞胎大多数是出生于20世纪初的老人。他们被分开抚养的原因是当时瑞典农业社会的经济萧条，以及双胞胎出生时产妇的高死亡率。这导致许多双胞胎在他们的生命早期被分开领养。这些被分开抚养的双胞胎成为我们这项“瑞典领养/双胞胎衰老研究”的参与者，他们的体重相关系数也是0.73。

在所有对被分开领养的同卵双胞胎的研究中，体重的相关系数平均值为0.75。这表明，这些没有在同样的家庭环境中长大的基因相同的个体，其体重（变量）差异的75%是共享的——协变。出于这个原因，被分开领养的同卵双胞胎之间的相关性是一种简单、直接的对遗传率的估测：个体间的体重差异在多大程度上可以通过可遗传的DNA差异来解释。

大多数对遗传率的估测来自经典的双胞胎研究设计，例如TEDS比较了被一同领养的同卵和异卵双胞胎的相似性。假如同卵和异卵双胞胎的相似性是相同的，这就意味着同卵双胞胎具有的两倍的遗传相似性并不能使他们比异卵双胞胎更相似。我们将会得出结论：DNA差异并不重要，也就是遗传率为0%。如果同卵和异卵双胞胎的相关系数完全反映其遗传相似性——同卵双胞胎的相关系数为1.0，异卵双胞胎的相关系数为0.5，那么遗传率为100%。

TEDS中同卵双胞胎体重的相关系数为0.84，异卵双胞胎体重的相关系数则为0.55。由于异卵双胞胎在遗传相似性上只有同卵双胞胎的一半，因此相关系数的差异（0.84和0.55）仅估测了体重遗传率的一半。将这种相关系数差异翻倍，可以算出遗传率达到58%。

TEDS的遗传率估测结果约为60%，但所有研究的平均估测结果为80%。为什么这两种遗传率的估测值不同呢？答案是遗传研究的另一个重大发现：遗传率随着发育而增加。TEDS中的双胞胎是青少年，但大多数其他双胞胎研究涉及成年人。对45项双胞胎研究的分析表明，体重的遗传率从幼儿期约为40%增加到青春期约60%，在成年期则增至约80%。TEDS中青少年双胞胎的遗传率估测值为60%，这是个可预期的结果。当我们在TEDS双胞胎成年后期进行研究时，我们预期遗传率估测值将会接近80%。

*

领养研究也趋向体重具有显著遗传性的结论。体重的CAP研究结果说明了领养研究的原理。体重肯定具有家族影响。对照家庭中的父母和孩子体重之间的相关系数约为0.3，这些父母和他们的孩子共享先天与后天因素。

父母和他们的孩子之间的这种相似性到底是先天还是后天的标志？CAP研究结果提供了清晰一致的答案。领养子女的体重与其养父母的体重无关，其相关系数几乎为0。这意味着养父母的饮食和生活方式差异与被他们领养的孩子的体重完全无关。同样地，兄弟姐妹之间的体重相关系数约为0.3，但当两个无血缘关系的孩子被领养到同一个家庭中时，他们体重的相关系数接近0。在同一个家庭中长大不会使孩子的体重相似，除非孩子们共享相同的基因。

同样令人惊讶的是，CAP研究发现这批被领养的孩子和他们的亲生母亲之间的相关系数约为0.3，与对照家庭中父母与子女的相关系数相同。尽管这些孩子在出生时就从亲生母亲那里被带走，但他们与亲生母亲体重的相似程度与那些被亲生母亲抚养长大的孩子相同。

这些领养数据都表明了遗传的影响，还可用于回答“有多少影响”的问题，也就是估算遗传率。由于父母和后代及其兄弟姐妹在遗传上只有50%的相似度，因此他们的相关系数估算只显示了遗传对体重影响的一半。因此，领养儿童与其亲生父母之间约0.3的相关系数需要进行翻倍，从而估算出体重的遗传率为60%。

这些关于先天因素重要性的证据会掩盖领养研究对后天因素的关键发现。养父母与被领养的子女之间，以及被领养的兄弟姐妹之间的相关系数接近0，这难道不令人惊讶吗？尽管养父母将同样的食物放在餐桌上，但他们收养的孩子在体重方面与他们完全不相似。同样地，尽管被领养的孩子们在同一个家庭中一起长大，有共同的养父母、相同的食物和生活方式，但他们的体重并不相近。

养父母及其领养子女，以及被领养的兄弟姐妹间的这些结果表明，体重在领养家庭中出现差异的原因是先天而不是后天。环境确实很重要，60%的遗传率意味着环境影响占体重差异的40%。但是后天因素，也就是共享的家庭环境，对个体体重差异几乎没有影响。这是遗传研究的另一个重大发现。正如我后面将要讨论的那样，它不仅适用于体重，而且适用于所有的心理特征。这是第7章的主题。

*

使用一种被称为模型拟合的技术将所有这些双胞胎和领养数据放在一起，就可以估测出体重的遗传率约为70%。这个总体估测将一些特殊问题进行了平均，例如：随着年龄的增长，体重的遗传率增加。它还掩盖了关于双胞胎和领养实验设计的几个细微差别，这些差别对行为遗传学家很有吸引力，但大多数人可能并不感兴趣。

有一个能够引起广泛兴趣的细微差别是群体差异。总体估测出的70%的遗传率可能会掩盖某些群体之间的差异。例如，男性和女性的遗传率是否不同？答案是“否”。不同人种的遗传率是不是有差异？答案是“不大”。大多数研究都是在发达国家进行的，因此发展中国家可能会有不同的结果。在发达国家，最近有一些证据表明，富裕国家更充裕的饮食可能使体重的遗传率更高。也许更容易获得高能量食物，使得具有更大遗传倾向的人的体重增加。

关键在于，这些截然不同的实验设计——双胞胎和领养研究，汇集到了一个简单而有力的结论：人与人之间体重的差异，大多数可以通过遗传所得的DNA差异来解释。

成千上万的研究使用这些双胞胎和领养研究方法来探索DNA对整个生物和医学领域中成千上万个复杂特征的重要程度，研究对象包括从细胞到系统的任何可以检测的特征，例如对大脑、心脏、肺、胃、肌肉和皮肤的结构和功能检测。最近对双胞胎研究的综述文章总结了2 700篇文献中的18 000种特征。这些研究涉及近1 500万对双胞胎。所有特征的平均遗传率为50%。虽然体重具有比大多数特征更高的遗传率，但所有心理特征都表现出显著的遗传影响，这是行为遗传学第一定律的证据。

发现DNA在心理学中的重要性是行为遗传学的关键成果。行为遗传学第一定律如此完善，以至于人们对证明一些新的特征具有遗传性已经不再感兴趣了，因为所有特征都是可遗传的。行为遗传学在研究遗传率的基础上向前推进，开始探究新的问题。这些新问题包括发育变化和连续性，各个特征之间的联系，以及先天与后天之间的关系。这项研究已经带来了一些心理学中最重要的发现，我将在接下来的章节中讨论它们。

遗传对心理特征的影响不仅具有显著的统计意义，它们在解释具有多大的方差方面也具有巨大的作用。效应量[①]是对个体研究进行分析时的一个关键问题。如果对现实世界的影响的效应量可以忽略不

① 效应量（effect size）：指某个因素引起的差别，是衡量处理效应大小的指标，可用于补充统计假设检验的结果。——编者注

计，那么具有统计意义的发现可能并不重要。统计意义取决于样本大小：对于足够大的样本而言，即使是微小的影响，其统计意义也可能是非常显著的。真正重要的是效应量，也就是方差所解释的。

心理学中只有很少的效应量超过5%的例子。对男孩和女孩之间的差异的研究有很多，其中一个例子就是他们的学业成就。虽然这种差异的统计意义非常显著，但我们更需要关心的是效应量：男孩和女孩在学业成就上究竟有多少差异？答案是，性别差异只占不到1%的方差。换句话说，如果你对一个孩子的了解仅限于是男孩还是女孩，你几乎不可能预测出他们的学业成就。

这就是为什么发现人与人之间有50%的心理特征差异是由遗传差异引起的，令人难以置信。50%的遗传效应量已经超出了心理学中的效应尺度。根据经验，我们可以将效应分为小、中、大。能够解释1%的方差的效应很小，这种效应小到如果不通过统计学就无法看到它。心理学中的大多数效应都很小，例如学业成就的性别差异。另一个与学业成就相关的例子是课堂规模。人们普遍认为孩子们在学生数量较少的课堂上能够学到更多的东西。一个班级中的学生人数与学业成就之间的相关性在统计上非常显著，因为它基于巨大的样本量得出。但是，它的效应量只有1%。

中等效应可以解释10%的方差，这是能用肉眼看到的，尽管你可能不得不眯着眼睛看。例如，父母受教育程度解释了其子女受教育程度方差的近10%。在你认识的人中，你可以看到如果父母接受过大学教育，孩子就更有可能上大学。正如我们将要看到的那样，这种相关性主要取决于先天，而不是像你想象中的那样来自后天。

一个大的效应能够解释25%的方差。这个效应如此之大，以至于就算在黑暗中你也能看到它。心理学中很少有大的效应。一个例子是，智商约解释了教育成就方差的25%。在这种从小（1%）到中等（10%）再到大（25%）的效应尺度上，50%的遗传率实际上远远超出了这一尺度。迄今为止，遗传得到的DNA差异是塑造我们的最重要的系统性力量。

行为遗传学大发现之一：后天的先天性

早在DNA革命之前，行为遗传学就在所有的心理学领域中做出了一些最重要的发现。“重要”意味着它们在多大程度上塑造了我们，也意味着它们对于理解社会和我们自己的重要性。在本书中，我将重点介绍过去几十年中最重要的五个发现。我们将在后面的章节中对其进行更详细的探讨。

关于这些发现，有三点特别重要。第一点，它们与直觉相悖。那些验证了我们直觉的发现可能很重要，但与直觉明显相冲突的发现更有可能带来突破。

关于这些发现的第二个重要事项是，五个发现中有两个是关于环境的。遗传研究向我们揭示的环境信息，跟遗传信息一样多。在最基本的层面上，遗传学为我们提供了独立于遗传的环境重要性的最佳证据——遗传率从未接近过100%，这说明环境因素很重要。对于环境的传统研究忽视了遗传，因此无法区分先天和后天的影响。遗传研究做出了有关环境因素影响的根本性发现，因为它在研究环境时考虑了遗传。这项研究从根本上改变了我们对后天因素及其与先天因素之间交互作用的思考方式。

第三点，这些发现是可靠的，它们已通过不同方式被多次重复出来。你可能认为在科学研究中，具备可重复性是理所当然的。但是，目前科学研究存在不能重复实验结果的危机，它始于2005年发表的一篇标题令人震惊的文章：《为什么大多数发表的研究结果都是假的？》

这是当今科学界一个非常重要的问题，我希望描述这场危机，以及思考行为遗传学领域的重大发现可以被稳定重复出来的原因，能够作为后续章节对行为遗传学重大发现进行讲解的序言。

科学的底线是可重复性，也就是说，研究结果必须是可靠的、可以被重复的。当前的危机是，许多研究的结果无法被重复，包括有些作为教科书核心的经典研究。这撼动了整个科学的根基。科学的各个领域，包括医学、药理学、神经科学和心理学都出现了结果不能被重复的现象。就心理学领域而言，据发表在《科学》杂志上的一篇非常有影响力的论文报道，在顶级期刊上发表的100项研究中有超过一半未能被重复出来。

关于这场危机的原因，其实已经有很多相关文字。彻头彻尾的欺骗造假确实有，但这种情况很少发生。一个普遍的原因是激烈的竞争文化，追求在最好的期刊上发表新颖的结果，这增加了作弊（只能被称为作弊）行为的风险。这种作弊可能是无意识的，但它仍然是作弊，例如：当科学家选择最具说服力的结果时，会人为地去除与假设和结论不一致的结果。正如物理学家理查德·费曼所说："第一要则是不能欺骗自己，而自己正是那个最容易被愚弄的人。"

作弊行为的一个特定原因被称为追逐p值（假定值）[①]。虽然这听起来是只有内行才懂的深奥主题，但它涉及对科学研究该如何进行的重要见解。p值为5%是科研中的惯用门槛值，超出该门槛的研究结果被认为具有统计学意义。当一位科学家说结果很显著时，这只意味着具有统计意义的"显著"，而不是通常意义上的"显著"。p值达到5%意味着如果你做了100次相同的研究，你会有95次得到类似的结果。p值为5%并不意味着一个发现是正确的。它意味着在100次尝试中有5次你将得不到相同的"显著"结果，这被称为假阳性结果。如果你发现一个结果具有p值为5%的显著性时，它有可能是一个假阳性结果。

由于科学期刊仅发表具有统计显著性的结果，因此有5%的概率会出现假阳性结果。然而，出于两个主要原因，发表的论文中出现假阳性结果的概率大大超过了5%。首先，这些被发表的结果通常是新颖而有趣的发现（因此更容易被发表），正是因为它们不是真的。其次，当科学家追逐p值时，出现的情况会更接近"造假"。例如，他们可能以不同的方式分析数据（如使用不同类型的分析方法），并选择发表达到p值为5%的结果。但是，以这种方式追逐p值会失去统计测试的有效验证意义。

可重复性危机的许多其他原因也得到了探讨，有数十篇论文针对如何修复和捍卫科学的根基发表了见解。例如，可以通过降低对统计

---

① p值（p value）：在原假设为真的前提下出现观察样本以及更极端情况的概率，用于表示对原假设的支持程度。——编者注

显著性的关注，同时更多地关注效应有多大来解决追逐p值的问题。效应量是分析个体研究的关键问题。很多时候，具备统计显著性的发现在现实世界中并不具有重要意义，因为它们的效应量可以忽略不计。统计显著性取决于样本量和效应量。如果样本量足够大，那么微小的效应也将具有统计显著性。因此，当你听到一项科学发现时，请记得询问效应量。仅仅知道该发现具有统计显著性是不够的。

行为遗传学研究与其他领域一样，容易受到发表不能被重复的假阳性结果的危害。尽管如此，所有心理特征基本上都具有遗传性这一发现，以及后续章节中将要描述的五大发现已经被多次重复。为什么行为遗传学的发现可以如此可靠地被重复？行为遗传学研究结果具有稳定性的主要原因是遗传效应量如此之大，以至于只要你认真探寻，就很难错过它们。可遗传的DNA差异解释了大多数心理特征方差的30%~60%。心理学中很少有差异仅5%的发现。

另一个原因似乎是矛盾的：行为遗传学一直是20世纪心理学领域最具争议的话题。围绕行为遗传学的争议提高了使人们相信遗传重要性所需的研究质量和数量的标准，这有助于激励更大型、更好的研究。一项研究是远远不够的，强有力的、具备可重复性的不同研究交相印证才能说服人们。

能够直接检测DNA差异的新方法也开始证实这些基于双胞胎和领养研究的发现。仅利用DNA就可以重复这些发现，将使更多人确信DNA的重要性。双胞胎和领养研究是间接性的、复杂的，但人们很难怀疑直接基于DNA得出的研究结果。

DNA革命不仅是重复双胞胎和领养研究的结果，还是科学和社会的变革者。我们的整个基因组中数十亿个DNA序列的遗传差异首次被用于预测个体的心理优势和劣势，这被称为个人基因组学。在我们探讨了行为遗传学的重大发现及其影响之后，这本书的第二部分将重点关注DNA革命。

遗传学使我们重新思考一些关于我们周围的世界如何塑造我们是谁（或者不是谁）的基本假设。最好的例子是我称为“后天的先天性”的话题，这使我们对环境是什么以及它是如何运作的有了新的认识。

当我们想到后天因素时，就会想到父母对婴儿的轻声细语和爱抚拥抱。弗洛伊德认为养育是儿童发展的基本要素。他关注育儿的具体方面，包括母乳喂养和如厕训练，以及它们对性别认同的影响。虽然他所描述的能够支持他观点的临床研究案例很有说服力，但他并没有提供真实的数据。人们通过研究来验证他的观点时，却发现几乎没有支持其结论的数据。科学哲学家卡尔·波普（Karl Popper）声称，弗洛伊德的理论是以一种不可能被反驳的形式呈现出来的。波普派的这一观点违反了科学的第一戒条，即理论不仅是可检验的，而且是可证伪的。

自弗洛伊德以来，成千上万的行为科学研究涉及育儿的很多方面，如家庭温暖和纪律，探讨了环境因素对儿童发育的影响。重要的是要记住，我们一直在谈论个体差异，例如：为什么有些父母比其他父母更喜欢或更多地控制自己的孩子。发展心理学家研究育儿方面的差异，以便了解这些差别是否会导致儿童成长的差异。例如，家庭温暖的差异是否会影响孩子今后对生活的适应和选择？

当孩子们上学时，他们会面对一个新的世界：教室和游乐场里到处是其他孩子，包括潜在的朋友和敌人。教师可以成为鼓舞人心的榜样，同学可能是恶霸。对于成年人来说，环境研究在很大层面上涉及各种生活事件，其中包括财务问题和人际关系破裂等危机。

育儿和生活事件是数千项心理学研究中所使用的环境度量要素的原型。这些度量要素将会与心理特征进行关联，从而用于研究环境的影响。父母念书给孩子听的次数多少与孩子在学校的阅读表现好坏有关。与行为不端的同龄人接触越多就会导致更多的不良后果，例如在青春期吸毒。人际关系破裂和其他造成压力的应激性生活事件与抑郁有关。

假设这些环境度量要素和心理结果之间的相关性是由环境引起的，这似乎合情合理。例如，父母念书给孩子听的次数与孩子在学校的阅读表现之间的相关性，似乎是前者导致了后者。和品行不端的同龄人相处似乎会对青少年造成不良影响。压力似乎会导致抑郁。

尽管这些因果关系的解释似乎很合理，但我们应该警惕从事物的相关性推断它们有因果关系。我们总是可以反向解释这些相关性，也就是说相关性并不意味着因果关系。例如，可能并不是父母念书给孩子听的多少导致孩子在学校阅读表现有所不同，而是父母念书给孩子听的多少反映了孩子们喜欢阅读的程度。另外，有可能两个事物间完全没有任何因果关系，而第三个因素建立起了它们之间的相关性。一个典型的例子是城市中教会的数量与酒精消费量之间的相关性。宗教不会导致你喝酒，饮酒也不会让你变得更有宗教信仰。它们之间的相关性是由城市规模导致的：因为较大的城市有更多的人，所以有更多的教会和更多的酒精消费。一旦你控制了第三个因素，教会的数量与酒精消费量之间就不再有关联。

遗传可能就是一个决定父母念书给孩子听的量与孩子在校阅读能

力之间相关性的“第三个因素”。这就是我所说的后天的先天性。父母和他们的孩子在遗传上有50%的相关性，因此遗传可能会导致爱念书给孩子听的父母和擅长阅读的孩子之间产生相关性。换一种表述方式也许会使遗传关联的可能性更加凸显：喜欢阅读的父母有喜欢阅读的孩子。遗传因素的另一个切入点是喜欢阅读的孩子可能会利用他们的环境来满足他们的阅读欲望，例如请求他们的父母念书给他们听。换句话说，父母可能会回应遗传差异造成的孩子们对于阅读的不同喜好程度。

如果我们利用诸如双胞胎研究此类遗传设计来分析环境度量会怎样呢？当我在20世纪80年代第一次这样做时，这似乎是一件愚蠢的事情，因为环境度量不应该显示任何遗传影响——毕竟，它们是环境度量。等一下，环境真的只是环境吗？这就是首次发现了后天的先天性。

后天的先天性的早期例子之一是心理学家所谓的应激性生活事件。这些都是生活常规起伏的一部分，例如关系破裂、经济困难、工作中的问题、疾病和损伤，以及遭受抢劫或殴打，等等。

人们对这些事件的响应方式不同。对生活事件的测量包含了事件的效果，因为人们可以通过非常不同的方式体验同一事件。尽管关于生活事件存在着大量研究，但没有人曾经探寻过这些经历中的个体差异是否受到遗传差异的影响。如果生活事件只是运气不好的结果，它们就不应该表现出遗传影响。

在1990年对应激性生活事件进行的第一次遗传分析中，我们进行了一项“瑞典领养/双胞胎衰老研究”（SATSA），研究对象是瑞典的中年双胞胎，其中包括被分开领养的双胞胎和一起领养的双胞胎。

我们引入了一份名为社交调整评定量表的调查表，该调查表已被作为环境影响度量指标，用于5 000多项研究中。调查表中包括一些标准项目，比如人际关系变化、财务状况和疾病。此外，由于我们所研究的双胞胎平均年龄为60岁，我们使用了一个添加了与老年生活相关的项目的调查表版本，包括退休、丧失性能力和兴趣，以及配偶、兄弟姐妹或朋友的死亡等项目的调查。

我们惊讶地发现，同卵双胞胎在生活事件中的相似性这一项的得分是异卵双胞胎的两倍（分别为0.30和0.15）。被不同家庭分开抚养的双胞胎，出现了相同的结果特征。这种相关性表明遗传得到的DNA差异约贡献了人与人之间差异的30%。令人惊讶的是，应激性生活事件被认为完全受环境影响，但事实上其方差的近1/3来自遗传。

应激性生活事件如何显示出遗传影响呢？本研究中使用的调查表结合了对事件是否发生的看法和你将对事件做何反应的看法。遗传对性格的影响可能作用于这两种看法。人们应对他们愿意称为严重的疾病、伤害、财务困难或关系破裂的表现是不同的。性格尤其关乎他们认为这些事件会在多大程度上影响自己。乐观主义者可能会透过玫瑰色的眼镜看这些事，而悲观主义者则只会看到灰色的一面。

那么，就没有主观因素影响的客观应激性事件本身来说，会怎样呢？离婚是一个客观事件的例子，也是导致大多数人压力最大的应激性生活事件之一。对离婚的第一项遗传研究就引起了轰动。在一项涉及1 500对成年双胞胎的研究中，同卵双胞胎都离婚的概率要比异卵双胞胎高得多（分别为55%和16%）。这表明遗传因素对离婚有可观的影响。《今日美国》将这项研究称为“愚蠢的典范”，因为就此得出离婚受遗传因素影响的结论似乎是非常荒谬的。但是，认为离婚这个客观事件可能会被我们具有显著遗传差异的性格所影响，真的就是“愚蠢的典范”吗？相反，我认为假设像离婚这样的事件只是被动地发生在我们身上并不合理，好像我们并没有导致它们发生一样。

我希望大家现在很清楚，与当时的报纸新闻头条相反，这项研究并非表明有一种“离婚基因”让一些人像被编码了一样更易于离婚，也没有什么“坏基因”让一些人在稳定的婚姻中前景不佳。随后的研究表明，某些性格特征占遗传因素对离婚影响的1/3。令人惊讶的是，当人们更快乐、更积极地投入生活并且更情绪化和冲动时，他们更有可能离婚。这些都不是不好的性格特征。事实上，它们可能是最开始使人们愿意进入婚姻的优良特征。

人们早就知道离异父母的后代更有可能离婚。环境因素可以提供的解释跃入我们的脑海，例如：父母离婚后的生活可能会导致孩子产生人际关系问题，或者使他们没有良好的榜样来建立稳定的关系。然而，瑞典最近的一项领养研究表明，父母离婚与子女离婚之间的关联是受基因而非环境影响的。对于20 000名被领养的研究对象来说，如果他们的亲生母亲后来离婚了，他们离婚的可能性就会更大，远大于他们的养父母离婚带来的影响。

各项研究体现出离婚的遗传率约为40%。这一比例与100%的遗传率相差甚远，意味着非遗传因素也很重要。然而，影响离婚的主要系统性因素是遗传。相比之下，在控制遗传因素之后，研究中并未发现任何能够预测离婚的环境因素。正如瑞典的领养研究所示，控制遗传因素是至关重要的。父母离婚是孩子离婚的最佳预测因子，这种关联很容易被解释为环境影响，但实际上它受到了遗传影响。

所以，离婚不是偶然发生的。我们自主地建立或破坏我们的关系，而不仅仅是那些“突发事件”的被动旁观者。与往常一样，遗传影响仅仅意味着影响，而不是已经被不可改变的遗传因素决定，并没有生来倒霉的基因能将生活中的砖头都吸引着砸向我们的脸。

有影响的不仅仅是这些生活事件。将任何度量称为环境因素，并不能使其成为环境度量。对于环境度量的遗传研究发现大多数“环境度量”存在着显著的遗传性，包括育儿、同龄群体、社会支持，甚至是孩子花在看电视上的时间。

孩子看电视的时长是典型的环境度量，到了20世纪80年代，它已被2 000多项研究用于探究其对儿童发育的影响。这些研究都没有质疑“儿童看电视的时长是环境度量”这一假设。我们普遍认为，电视这个“独眼怪物”是不利于孩子们成长发育的，它会使他们在学校表现不佳，并且使他们更具攻击性以及难以专注。看电视时长与儿童发育之间的关系总是被以这种方式解释，人们认为这是环境因素造成的影响。

在20世纪80年代早期，我也认为孩子观看电视节目的时长差异是环境问题，因为我认为父母该为他们的孩子观看电视节目的时长负责。虽然我和我的妻子一般都很宽容，但我们也认同电视对孩子不好，并且控制了两个年幼的儿子看电视的时长。

如果父母对孩子看电视的时长负责，那么这可能会减少遗传因素在观看时长中的作用。但是当我读到更多关于它的研究时，我惊讶地发现当时大多数父母对孩子看电视的时长并没有任何限制。孩子们看多久电视是由他们自己决定的，这为孩子之间的遗传差异敞开了大门，决定了他们观看电视节目的时长。

出于这些原因，我决定在科罗拉多州领养项目中研究儿童看电视的时长。我们分别在孩子们3岁、4岁和5岁时访问了500个领养家庭和非领养家庭。我们采访了父母10分钟，了解他们的孩子看多久电视，以及看了什么节目。

我们花了将近5年的时间收集这3个年龄段的数据。当我最终分析观看电视节目的结果时，我原本以为会找不到遗传影响的证据。我首先计算了非领养家庭兄弟姐妹间的相关性，他们享有共同的基因和家庭环境。这3个年龄段的相关系数约为0.50，说明非领养的兄弟姐妹观看电视节目的时长相近。这并不奇怪，因为兄弟姐妹经常一起看电视，尤其是当时大多数家庭只有一部电视。然而，当我看到领养家庭中兄弟姐妹间的相关性时，我感到震惊，因为对应数字只是非领养家庭兄弟姐妹相关性的一半。由于领养家庭中的兄弟姐妹在遗传上并不相关，因此这些结果表明，遗传差异约贡献了儿童看电视时长差异的一半。这是令人难以置信的，因为这是典型的环境度量，但它显示出与研究心理特征时一样多的遗传影响。

我知道要让心理学家相信遗传差异影响看电视时长是很困难的，因为那时它是最受大家认可的环境度量。更多数据将有助于使这一发现更具备说服力。在家访期间，我们还询问父母他们自己看了多久电视，这意味着我可以观察亲子相似性。尽管有强有力的兄弟姐妹研究结果，但我对这项亲子分析的期望并不高，因为父母和孩子看电视的原因似乎并不相同，这可能也意味着父母和孩子之间几乎没有相似之处。即便如此，这些亲子研究结果也表明了存在显著的遗传影响。亲生父母及其子女与养父母及其领养子女相比，前者观看电视的时长更为相似（相关系数分别为0.30和0.15）。

最令人惊讶的结果是，亲生母亲观看电视节目的时长与她们被领养走的孩子观看电视节目的时长具有显著相关性（相关系数为0.15），尽管这些母亲在孩子出生一周后就再也没有见过他们。父母与其子女的这种相关性表明，儿童看电视时长方差的1/3可以用来自父母的遗传因素解释。

虽然这些研究结果非常一致且有说服力，但当我开始谈论这些发现时，一些同事认为这项研究可能会是我的职业生涯的终结，因为它太奇怪了。这种反应让我开始犹豫是否将研究结果写成一篇论文。至少在那个时候，我已经通过聘期评估并晋升为正教授，这为我提供了一种真正意义上的学术自由，让我可以触及这种不被认可的研究。最后，我认为证明即使是看电视时长这样“明显的环境度量”也能显示出遗传影响，会是一个引起心理学家注意的好机会。

最后，我在1989年将这些发现写成了一篇论文，标题是《儿童早期电视观看量的个体差异：先天与后天》。我试图为可能会随之而来的误解做好准备。我在文章里写了这样的话：“没有基因编码控制着电视观看量，就像没有基因直接控制智商测试的表现或身高”，“这些复杂的特征是具有遗传性的，但不是遗传的”。

经过漫长的审稿过程，该论文于1990年发表在新的美国心理学会的标志性期刊的第一卷上。学界的反应并没有我担心的那么糟糕。文章的观点被学界接受得益于一篇发表在顶级学术期刊《科学》杂志上的正面新闻报道，虽然该杂志通常并不关注心理学研究。《科学》杂志的报道最后说：“这项研究值得关注，因为它揭示了心理学家通常认为受环境影响的电视观看量，事实上也受到一定程度的遗传影响。”

尽管如此，我的这项研究已被行为遗传学的批判者视作行为遗传学的荒谬研究结论的典型代表。我可以很开心地忽略那些不支持遗传影响可能性的反遗传学研究人员，但我对一位杰出的行为遗传学家的解读感到困扰，他在一篇关于行为遗传学研究的重要评论中写道：遗传对“看电视习惯的影响可能是真的……但对这种表型进行遗传分析具有不确定的意义……例如，不可能存在一个基因能够控制看电视这种三代人之前不存在的行为现象”。

到底如何开始回应此类评论呢？谁说过存在“看电视基因”？为什么对孩子看电视时长的个体差异进行遗传分析具有“不确定的意义”？ 看电视已被成千上万的研究用作环境度量，没有人质疑过其意义。如果认为看电视时长是环境度量的假设正确，我们的研究分析应该不会发现遗传影响。相反，我们的研究表明，这种“环境度量”受到遗传差异的强烈影响。

这个研究发现被嘲笑的另一个原因是，我们是否看电视似乎完全是一个受自由意志控制的问题。我们可以随意打开或关闭电视，那么基因如何影响它呢？答案是，自由意志与复杂性状的遗传影响并不相关。遗传影响是指经遗传得来的DNA差异在多大程度上解释了人与人之间的差异。换句话说，我们可以随意地打开或关闭电视，但是将其关闭或打开对不同人心情的影响不同，其中部分原因归结于遗传。遗传并不是像一个表演木偶剧的人一样牵动着线操纵我们。遗传影响是概率性的倾向，而不是预先编制好的程序。

那么孩子们观看的电视节目类型又是怎样的呢？在科罗拉多领养项目中，对电视观看行为最可靠的度量是整体观看时间，但是我们也有关于电视节目类别的信息，比如喜剧、戏剧和体育节目等。我很惊讶地发现观看喜剧的时长受遗传的影响最强烈，因为我自己并不觉得大多数喜剧很有趣。我们没有将这个结果写在论文中，因为它没有统计显著性。况且，我认为即使不加入这个结果，这篇论文也在挑战着人们以前的看法。

截至1991年，有18项类似的研究报道了各种环境度量的遗传分析结果。我对这些研究一致性地显示遗传影响感到惊讶。这些环境度量的平均遗传率为25%，只是大多数心理特征遗传率的一半。但是这些都被称为环境度量，它们曾被认为纯粹地受到环境影响，而现在我们发现它们有1/4的差异来自遗传。对比一下会发现，用遗传所得的DNA差异解释这些方差为25%的度量超出了心理学的效应大小尺度——我们很少这样解释超过5%的方差。此外，25%的遗传率是一个平均值，有些度量具有更高的遗传率，如可控的生活事件和儿童观看电视节目的时长；有些度量几乎不具有遗传性，如家庭成员的死亡这类不可控的生活事件。

1991年，我发表了一篇综述文章，总结了这18项研究的结果。我将这篇文章命名为《后天的先天性》。其他研究人员针对该论文发表了32篇评论，其中大多数评论都是负面的或持怀疑态度的，这也可以作为这一发现具有创新性的标志。

这篇论文表明可遗传性不仅限于自我报告的问卷，例如涉及自我认知的生活事件的问卷。遗传影响在针对亲子互动的观察性研究（其中研究人员评估父母和孩子的特定行为）中同样强大。发现遗传影响对客观的观察测量和主观的自我报告测量同样重要，这表明遗传对经历的影响不仅仅存在于旁观者眼中。遗传效应可以在父母和孩子之间的实际行为互动中观测到。

从那时起，已有150多篇论文研究了环境度量的遗传影响。它们一致发现了显著的遗传影响，平均遗传率仍然约为25%。这些研究大大扩展了显示遗传影响的环境度量的清单。例如，遗传影响已被发现存在于家庭环境（如混乱的家庭环境）、教室环境（如老师的支持）、同伴特征（如被同伴欺负）、邻里安全、毒品接触、工作环境和婚姻质量等环境度量中。研究结果表明，遗传影响并非局限于经典的双胞胎研究设计。它们也出现在了对被分开领养的双胞胎的研究、其他领养研究设计，以及最近的DNA研究中。

青少年群体的同伴特征尤其具有较高的遗传率，例如同龄群体的学术取向或违法行为等特征。这种高度可遗传性的原因可能是：你可以选择你的朋友，但你不能选择你的家人，正如哈珀·李在《杀死一只知更鸟》中提及的那样。你被动地与父母和兄弟姐妹享有共同的基因，导致基因与你的家庭经历相关。与朋友在一起时，你可以选择遗传上与你更相似的个体，主动地创建你的基因与交友经历之间的相关性。

社会支持是心理学中环境影响研究领域的另一个重要主题。随着我们成长并步入家庭以外的世界，我们的社交网络逐渐扩大，包括成人间的友谊、同事、邻居及越来越多的社交媒介联系人。这些关系提供了多种形式的支持，包括财务和信息支持。但在心理学中，社会支持通常指来自各种关系的情感支持，是一种温暖和归属感。社会支持与精神和身体健康密切相关，也是健康老龄化的一个极为重要的因素。

与其他“环境度量”一样，没有人探究过社会支持中个体差异可能带来的遗传影响。人们假定社会支持基于环境原因预测了身心健康和健康老龄化。在20世纪80年代，我们终于有机会通过SATSA中被分开领养和共同领养的双胞胎研究，对这一假设进行了验证。我们进行了一种传统的社会支持测试，询问受访者一些问题，例如：是否认为有人会在他们遇到麻烦时帮助他们，是否有人可以随时拜访他们，以及他们可以与谁分享他们的内心感受。对于每个问题，受访者都会被询问能够帮助他们的人数，以及他们对所感受到的支持程度的满意度。调查的反馈可以总结为两个要素：数量，即支持群体的规模；质量，即受访者对支持的满意度。这两个尺度只是略微相关，这意味着有些人可以满足于只有很少的支持者，而有些人即使拥有非常多的支持者也不满意。

对于支持的质量，我们发现人与人之间差异的1/3可以用遗传因素来解释，但支持的数量没有表现出显著的遗传影响。为什么支持的质量会显示遗传影响，而支持的数量并没有显示这一影响呢？在我们描述这些结果的论文中，我们认为答案可能是质量似乎比数量更主观。较为主观的度量容易受到遗传影响，因为自我感知依赖于人的性格、记忆和动机。但这只是一个猜测，我们仍然不知道为什么支持的质量比数量更具有遗传性。现在，随着社交媒体蓬勃发展，情况可能会有所不同，似乎数量变得比质量更重要了。最近的一项双胞胎研究表明，尽管社会支持的数量和质量没有区分，但在年轻人群体中使用脸谱网的个体差异具有25%的遗传率。

虽然最初人们对于揭示多项“环境度量”受到遗传影响的早期研究抱有疑问和敌意，但是现在（近30年后）后天的先天性被广泛接受。尽管如此，如果表1-1中包括生活经验和社会支持等环境度量，也很少有人会认为它们具有遗传性。

经验不仅仅是发生在我们身上的事情。由于我们在性格上存在着巨大的遗传差异，我们在体验生活事件和社会支持、看电视和离婚等方面的倾向各不相同。

请试着在心理环境中想一些与你和你的遗传无关的事情。以天气为例，这是我们无法控制的典型环境因素。据说，马克·吐温曾打趣说："每个人都在谈论天气，但没有人可以对它做任何事情。"

你能对天气做些什么吗？如果这样问，这个问题听起来就像是精神病调查问卷上的一道题目。当然，你不能改变天气。从个体差异的角度来表述这个问题会更有帮助，这是行为遗传学的方法。为什么有些人生活在温暖且阳光充足的地方，而其他人则能忍受生活在寒冷潮湿的地方？一个答案是，虽然我们无法控制天气，但我们可以控制我们住在哪里。如果你喜欢外出，或者你有季节性情感障碍，那么你可以考虑搬到适合你的气候环境中居住。喜爱户外活动或容易抑郁，在一定程度上受到遗传因素影响。搬到适合自己的气候环境中居住是遗传差异的作用之一，它可能导致了个体对"你居住的地方多久能晒到一次太阳？"这样直截了当涉及天气的问题的反应差异。你可以住在阳光充足的地方，因为你能够选择住在那里。

进化的适应性是否有助于增加一个人对气候适应性的遗传率？祖先在特定气候下生活了很多代的人，可能已经在进化上适应了这种特殊气候。因此，极端气候当然会有遗传适应性。例如，因纽特人的四肢较短和矮胖的躯体可能就是一种帮助他们保存身体热量的环境适应。身体和生理适应也可能进化出对沙漠或高海拔极端生活的适应性。然而，诸如此类的进化适应有关群体之间的平均差异，而遗传率的进化适应却是针对个体差异的。例如，对于在同一群体中长大的双胞胎，造成群体之间平均差异的遗传因素并不会在这对双胞胎中反映差异。在极端情况下，直立行走和正面视觉等高度适应性特征不允许出现遗传差异，相应的遗传率为0。因此，不同群体的进化适应不太可能导致这些群体中个体之间的遗传差异。

遗传影响在天气方面的体现，更可能来源于主观看法。我是一个“无药可救”的乐观主义者，很少会摘掉我看待世界的玫瑰色眼镜。即使我住在英格兰这个缺少持续光照的国度，当我回顾2017年夏天的天气时，我发现自己也会认为它并不太糟糕——我会回想起在晴朗的日子里航行和游泳的经历。当其他人谈到去年夏天恶劣的天气时，我总是感到吃惊。

有人说这些只是对天气的主观看法，而不是真实的天气状况。作为回应，我会说心理层面有效的环境正是被我们感知的环境。也就是说，我们对环境的主观看法就是我们实际经历的。即使气象记录显示2017年夏天是10年来气温最低、阴天最多的，对我而言重要的却是我对那些温暖的、阳光灿烂的日子的记忆。这些通过我的认知偏差和性格产生的主观感知，就受到了遗传影响。虽然客观的环境度量是有用的，但我们不应该忽视主观感知的重要性。

一旦你开始考虑DNA的重要性，就很难找出任何完全不存在可能性的遗传影响的心理体验。例如，事故并非总是偶然的。有些孩子会比其他孩子发生更多的意外，儿童擦伤和瘀伤的数量就显示了遗传影响。当然，对于成年人来说，车祸也并非总是偶然的。车祸通常是由鲁莽驾驶造成的，例如超速、冒险或在酒精和其他药物的影响下开车。有时，事故确实不可避免地发生，但性格上的遗传差异会增加事故发生的可能性。

唯一不受到遗传影响的事件是我们几乎不可控的事件，例如亲戚和朋友的死亡或疾病。正如人们所料，研究发现这些不可控的事件几乎没有受到遗传影响。尽管如此，我们对这些事件的反应和心理体验，也会被我们的基因影响。

环境度量的重要性在于它们的心理影响。如果基因影响环境度量及心理度量，这就说明基因也有可能影响它们之间的相关性。例如，良好的家庭养育与孩子的良好发展相关，品质不佳的同伴与青少年的不良行为相关，而压力大的生活事件则与成人的抑郁相关。这些相关性被认为是由环境引起的，没有人想过遗传也有可能导致这些相关性。

怎么才能知道遗传是否导致这些相关性呢？对于家庭养育与孩子之间的相关性，最直接的方式是通过领养的社会实验进行分析。不像非领养家庭那样既共享先天又共享后天因素，领养家庭的父母与子女只共享后天因素。那么，养父母的抚养教育是否和孩子的未来发展有相关性？

我对后天的先天性的兴趣始于20世纪80年代初，当时我研究了科罗拉多领养项目的早期结果，其中包括几项对养育的测量。有一项是对家庭环境的观察测量，它最近被开发出来，并且截至目前仍然是最广泛使用的对儿童家庭环境的观察测量。它有一个很好的首字母缩写名称——HOME（Home Observation for Measurement of Environment的缩写，HOME的英文原意为家庭），全称是家庭观察的环境测量。HOME包括45项记录父母对待孩子的特定行为的项目，而非一般性的评估。例如，对于家庭温暖，HOME包括了爱抚、亲吻和与孩子交谈等项目。控制组项目包括干扰孩子的行为和惩罚。我们分别在孩子们1岁、2岁、3岁和4岁时对其进行了HOME评估。

通过对科罗拉多州各地的家庭进行2 000次访问来收集这些数据是时间和金钱上的巨大投资。1984年，完成对孩子在1岁和2岁时的拜访评估后，我急切地查看了HOME结果与儿童认知和语言发展之间的关系。基于其他许多针对非领养家庭的研究结果，我预计HOME在2岁儿童的智力发育和语言开发上会显示约0.5的相关系数。当我看到我们的数据确实对非领养家庭产生了这一预期结果——HOME与认知发展之间的相关系数约为0.5时，我感到很放心。然而，我发现领养家庭中的这种相关性显著降低，相关系数只有非领养家庭数值的一半。

亲生父母与其子女有遗传相关性，养父母与养子女则不然。因此，这些结果表明基因会影响HOME评估结果与儿童认知发展之间的相关性。我们揭示了这种相关性中约有一半可归因于遗传。

这些结果意味着遗传就是那个导致HOME所评估的养育与儿童认知发展之间相关性的“第三个因素”。也就是说，相关性不仅仅是由于HOME评估直接促进儿童的认知发展，也不仅仅是由于父母对孩子的认知能力差异做出反应。这两点解释了领养家庭的相关性，而在非领养家庭中相关性加倍的原因是父母和后代在遗传上是相关的。

遗传如何作为“第三个因素”起作用呢？父母与其子女所共享的基因如何导致HOME评估中的养育与孩子认知发展之间的相关性？解答这些问题的关键是打破标签的束缚。HOME中的“E”代表“环境”，但它评估的其实是父母的行为。所以，我们从父母的行为如何与孩子的行为在遗传上相关联进行思考会容易得多。例如，在HOME评估中获得高分的是支持和鼓励他们的孩子并且满足孩子需求的父母，那么可以认为这些是更聪明的父母。将HOME评估与儿童认知发展之间的相关性重新描述为“更聪明的父母拥有更聪明的孩子”，就会使得遗传作为“第三个因素”看起来合理和具有可能性。

在科罗拉多领养项目中，我们探究了数十项关于养育的测量，因为它们与数十种儿童发育指标相关。在我们发表于1985年的论文中，我们给出的结论是，遗传的作用占养育与子女心理发育之间相关性的约50%。

像科罗拉多领养项目这样的领养研究，对于探究家庭环境（如养育）对儿童发育的影响特别有帮助。对于家庭以外的环境度量来说，例如成年后的生活事件，更通用的方法是多变量遗传分析。这种类型的分析会评估遗传对两个性状之间相关性的影响，而不是单独分析每个性状的差异。

同时，我灵光一现地意识到这种用于分析两个性状的多变量遗传方法也可以用于双胞胎研究，以探究遗传对环境和心理变量之间的相关性的作用。在1991年使用这种方法进行的第一项研究中，我们对被一起领养或分开领养的瑞典中年双胞胎进行了社会支持与健康之间相关性的研究。社会支持与健康的相关性约为0.25。这种相关性通常被认为是环境的影响：社会支持导致健康。与之相反，我们发现遗传影响占相关性的一半以上。

自1991年以来，已有超过100项此类研究的报道，并且数量仍在增加。我试图为这些研究写一篇综述，但我放弃了，原因有两个：一个原因是该领域研究的增长速度超过了我所能消化的速度；更重要的另一个原因是，大多数研究只进行了针对单一环境度量与单一心理结果之间相关性的遗传分析。这是一个问题，因为存在着许多环境度量和许多心理度量，这两者的组合有无数种。这导致了迅猛增多的文献里几乎很少有对特定结果进行重复尝试的研究，使得系统地对它们进行综述的想法成为泡影。

尽管系统地总结这些研究存在困难，但它们其实都陈述了一个简单的结论。这个结论与1985年CAP论文和1990年SATSA论文所述的意思相同：遗传通常贡献环境度量和心理特征之间相关性的一半左右。关于后天的先天性的这一发现是“DNA如何塑造我们”的最让人意想不到的重要例子之一。假设环境度量和心理特征之间相关性的一半是由人与人之间的遗传差异造成的，比假设这种相关性单纯是由环境度量引起的更准确。这项研究的另一种重要性在于，它显示了我们可以通过控制遗传因素来研究真正的环境影响。随着DNA革命的到来，这将成为主要的研究方向之一。

后天的先天性提出了一种新的思考过往经验的方式。在过去，心理学家认为环境是发生在我们身上的被动的事情，但对后天的先天性的遗传研究指出了一种更主动积极的体验模式。心理环境不是“由外及内”被动地强加给我们的。当我们积极地感知、解释、选择、修改甚至创造与我们的遗传倾向相关的环境时，它们“从内向外”实实在在地被我们经历和感受着。我们在性格、精神病理和认知能力方面的丰富遗传差异，使我们以不同的方式体验着生活。例如，儿童的天资和求知欲的遗传差异会影响他们利用教育机会的程度，我们对于抑郁的易感性的遗传差异会影响我们究竟是正面还是负面地解读自身经历。这是一种基本的思考方式，关乎我们如何通过环境经历来读取DNA蓝图想要悄悄告诉我们的信息。这是后天的先天性的核心。

行为遗传学大发现之二：DNA越来越重要

伴随着你的成长经历，你认为遗传的影响会变得更大还是更小?基于以下两个原因，大多数人通常会猜测“越来越小”。首先，很明显我们不断受到来自环境的冲击。我们生活的时间越长，就越能体验到父母、朋友、人际关系和工作，以及事故和疾病带来的影响。其次，人们错误地认为遗传效应从受孕的那一刻起就不会再改变：我们从母亲和父亲那里继承了DNA，并且从卵子与精子相遇的那一刻起它就不会改变。

从这个角度看，行为遗传学研究有一个不符合我们直觉的重大发现：随着年龄的增长，遗传影响变得越来越重要。没有任何心理特征随着年龄的增长表现出遗传影响变弱的趋势，而其中认知能力的遗传率随发育增加最显著。

有许多不同类型的认知能力，比如语言能力和空间能力。事实上，如果你的某项认知能力强，那么往往可能另一项认知能力也比较强。例如，具有较强记忆力的人往往在其他智力方面具有更强的能力。又比如，人们通常认为他们或擅长文学，或擅长数学，但事实上如果他们天生就比较擅长其中一项，他们就更有可能同时擅长另外一项（当然也会有例外的情况）。

智力的概念捕捉到了多种认知测试的共同点，这就是为什么智力通常被称为一般认知能力。智力测验通常包括10多个语言和非语言测试，受试者在这些测试中的表现被总结为IQ分数。IQ是一个已经过时的概念的英文首字母缩写，即“智商”（intelligence quotient）。

根据大多数智力研究人员的观点，智商分数评价的是“推理、计划、解决问题、抽象思考、理解复杂思维、快速学习，以及从经验中学习”的能力。智力对于科学和社会都很重要。从科学角度来说，智力反映了大脑的工作方式，不是大脑成像研究中被激活的特定模块，而是大脑协同工作以解决问题的各种过程。在社会层面，智力是用于预测教育成就和职业地位的最佳指标之一。

在过去的一个世纪里，对于智力的遗传研究一直处于社会科学关于先天和后天的争论的风暴中心。这种争论是对于生物决定论、优生学和种族主义的错误担忧所导致的，由此引发的争议阻碍了人们对遗传重要性的接纳。遗传研究用更多更好的研究证据，突破了这层障碍，证明了人与人之间的遗传差异导致半数的智力测验差异。笼统估测遗传率为50%，掩盖了一个有趣的发现，即遗传率随着我们年龄的增长而变化。

1983年，我参加了一个美国代表团，受邀去苏联研究儿童在日托中心的发展。苏联人对其日托中心的发展感到非常自豪，而吸引我们的是能够到当时西方人很少能看到的那部分苏联地区去。我很想知道自己为什么会被邀请，因为当时我的研究揭示了婴儿期的遗传影响，而这一观点在苏联存在争议——当时环境被认为是至关重要的。后来我发现，当涉及幼儿时，实际上苏联人可以接受遗传学的观点，因为他们加强社区幼儿保育计划的理由是让孩子们更适应环境，消除其动物性的本能（包括遗传倾向）。因此，证明我们在人生早期受到遗传影响的行为可以被容忍，是因为人们认为它在今后的发展中不重要。

没有任何证据能够支持苏联对于遗传率在孩子们长大后就消失的假设。相反，当时的研究开始显示与之相反的结论：随着时间的推移，DNA变得更重要。路易斯维尔的双胞胎研究首次指出从婴儿期到儿童期，智力的遗传率会增加。1983年，它报道了一项为期20年的针对500对双胞胎的研究结果，研究中从婴儿期到青春期对这些双胞胎共进行了14次评估测试。从婴儿期到青春期，同卵双胞胎的智力变得更加相似，相关系数从约0.75增加到0.85。相反，异卵双胞胎变得不那么相似，相关系数从约0.65变为0.55。由于遗传率是根据同卵和异卵双胞胎之间相关系数的差异来估测的，因此这种结果表明遗传率从婴儿期的约20%增加到了青春期的约60%。

尽管纵向研究结果一致显示遗传率随年龄增长而增加的效应，但500对双胞胎这个相对较小的样本量并不足以证明这种变化具有统计学意义。然而，我们的科罗拉多领养项目强有力地证实了这一发现。正如许多其他研究所表明的那样，亲生父母与其子女智力之间的相关系数在婴儿期约为0.1，童年时增加到0.2，青春期达到0.3。最惊人的发现是，被领养的孩子与其亲生父母智力之间相关性的变化模式与以上结果非常相似，尽管这些被领养的孩子在出生几天后就再也没有见过亲生父母。到16岁时，被领养的孩子和他们亲生父母智力之间的相关性，与被亲生父母养育的孩子在这方面的相关性相同。而这些被领养的孩子与他们养父母智力之间的相关系数在零附近徘徊，因为他们仅共享了后天因素，而不是先天。

进一步支持遗传率随年龄增长而增加的数据来自2010年的双胞胎联合研究。它汇集了来自4个国家的11 000对双胞胎的智力数据，这是一个比以往所有研究的总和更大的样本。这些研究发现，从儿童期到青春期再到青年时期（成年早期），智力的遗传率显著增加，从40%增加到55%，再到65%。

最后，在2013年，一项汇集所有关于智力的双胞胎和领养研究结果的元分析证实了遗传率随着发育而增加。这些研究重点关注发育至成年早期的结果，因为这是行为遗传学研究中大多数样本的年龄。现有的少数关于此后生活的研究表明，成年期遗传率持续增加，至65岁时遗传率增加至约80%。

智力的遗传率约为50%，这是对所有年龄段的研究的平均值。智力的遗传率从婴儿期的20%增加到儿童期的40%，再到成年期的60%，这样的显著提高使得它有异于其他遗传率几乎不随发育而变化的特征（最显著的是性格和学业成就）。

学业成就显示的这一结果令人惊讶。因为智力与学业成就密切相关，所以我们原本预期学业成就会出现类似的遗传率增加的现象。然而，我们发现纵向双胞胎早期发育研究中受试者的任何科目学业成就的遗传率都没有随发育而发生变化，尽管我们发现智力的遗传率在增加。事实上，各学年学业成就的遗传率约为60%，高于约为40%的智力遗传率。

怎么会这样呢？一种可能的解释是，低年级时的教育普及减少了阅读和数学等技能的环境差异，因为这些技能是学业成就测试的目标。这就导致了即使是在低年级，这些技能也显示高遗传率。相比之下，学校没有教授智力，因此在发育过程中它的遗传率会增加，因为孩子们选择并创造了与其自身对于学习的遗传倾向相关的环境。换句话说，在早期教学中教授基本的读写和算术技能在很大程度上消除了环境差异，使遗传影响成为孩子们在这些技能上有差异的主要原因。智力的遗传率随着年级升高而增加，因此升入中学时，它就赶上了学业成就的遗传率。此外，一旦孩子获得基本的读写和算术技能，他们就可以将这些技能用作一般学习的工具，这有助于促进基因型与环境互作过程，进一步提高智力的遗传率。

这只是对发育过程中智力的遗传率大幅增加的一种大致解释。虽然我们遗传到的DNA序列在母体受孕后不会再改变，但基因的作用会随着时间的推移而改变。例如，男性型脱发具有高度遗传性，但相关基因的作用直到中年时期激素水平发生变化时才会显现出来。一个重要的心理学案例是精神分裂症，其平均发病年龄是在成年早期。至于那些后来被诊断为精神分裂症的个体，在他们儿童时期并没有发现任何异常。很可能在病人成年之前，大脑还没有发育到具备高水平的符号推理能力，因此与精神分裂症的紊乱思维、幻觉和偏执等特征有关的基因无法表现。

对智力遗传率增加的另一种可能解释是：随着大脑变得越来越复杂，更多的基因开始影响智力。然而，这种假设似乎不太可能，因为跨年龄的遗传研究表明，从童年到成年的智力受到相同基因的影响。

也就是说，基因在很大程度上决定了不同年龄之间性状的稳定性，而环境是导致性状随着年龄变化的原因。那么问题来了，为什么遗传率会随着时间而增加？

关于遗传稳定性的这一发现，来自多年来对双胞胎进行的持续测试——被称为纵向研究。这项研究不是检测遗传和环境对某个年龄段的智力差异的贡献，而是可以用来估测智力随年龄变化性与连续性的遗传和环境起源。我们可以使用前面所提到的多变量遗传分析，研究一个年龄段的遗传效应与另一个年龄段的遗传效应的相关程度（遗传相关性）。从本质上讲，多变量遗传分析不是将一个年龄段内双胞胎的得分相关联，而是将双胞胎中的一个在一个年龄段的得分与双胞胎中的另一个在另一个年龄段的得分相关联，从而比较同卵和异卵双胞胎在不同年龄段的相关性。

这种类型的分析表明，智力的遗传效应在各个年龄段非常稳定。例如，在双胞胎早期发育研究中，两岁时智力的遗传影响与四岁时的相关系数为0.7。各个年龄段之间的遗传相关性在童年以后甚至更大。最近的一项DNA研究强烈支持了这些来自双胞胎研究的结果，发现影响儿童和成年期智力的基因有90%是一样的。

如果遗传效应在各个年龄段都非常稳定，那么在发育过程中，智力的遗传率为何会增加呢？最合理的推测是，随着时间的推移，发育早期遗传的轻微作用会被放大。也就是说，相同的遗传因素会像滚雪球一样产生越来越大的影响，这一过程被称为**遗传基因扩增**。

随着我们越来越多地选择、修改和创造与我们的遗传倾向更相关的环境，遗传效应可以被放大。例如，具有高智力遗传倾向的儿童可能会阅读更多的书籍并主动选择朋友和爱好，从而进一步刺激其认知发展。这是前面所提到的积极的经验模式。虽然双胞胎研究支持这种模式，但DNA革命将会提供明确的结果。当我们发现DNA差异造成了各个年龄段智力的遗传性时，遗传放大假说预测：在儿童期、青春期和成年期，与智力相关联的相同DNA差异会随着时间的推移而产生更大的影响。

我喜欢“我们按照我们的基因成长”这种说法。随着我们变老，我们越来越被遗传所塑造。在某种程度上，特别是对于认知能力而言，这意味着随着年龄的增长，我们将变得更像我们的父母。也许这就解释了为什么人们随着年龄的增长而常常担心自己变得像父母一样。

第5章

行为遗传学大发现之三：异常是正常的

有50%的人在一生中可能被诊断出患有心理疾病，而20%的人在过去这一年中已经有过心理疾病。患者及其亲友的痛苦及经济成本使心理疾病成为当今世界最紧迫的问题之一。虽然问题是真实存在的，但本章讨论的是，心理问题常被诊断为“要么有，要么无”的疾病。这种非此即彼的心态意味着科学家试图寻找这种疾病的根源——使“我们”与“他们”不同的原因。这种观点深深植根于精神病学，它遵循疾病的医学模式，将心理障碍视为一种具有简单且单一原因的、类似感染的身体疾病。

遗传研究表明，医学模式是不适用于心理问题的。我们所谓的障碍仅仅是相同基因在整个正态分布边缘的影响而已。也就是说，没有任何基因“作用于”任何心理障碍。相反，我们都有许多与疾病相关的DNA差异，重要的是我们有多少这样的差异。遗传谱显示DNA差异可以从几个到很多，差异越多，就越有可能出现问题。

换句话说，我们所谓的心理“疾病/障碍”的遗传原因是在数量上，而不是在质量上，这与其他疾病的类型不同。它是多或少的问题（定量的），而不是有或者没有的问题（定性的）。这看起来似乎是一个神秘的学术问题，但这一发现完全改写了临床心理学和精神病学，特别是在DNA革命出现后。这意味着其实没有任何疾病，它们只是定量维度上的极值。这就是本章标题“异常是正常的”的含义。

本章开始揭示这个重要的事实，然后我们会探讨它的含义。

第一个提示来自探究被诊断出的“病例”和相关性状的维度度量之间联系的双胞胎和领养研究。例如，可以将被诊断出的阅读障碍与阅读能力的维度度量进行比较，该度量从阅读能力较差者到阅读能力较佳者，对他们进行了阅读能力的定量评估。阅读障碍是一种阅读能力问题的诊断，人们通过给它一个希腊名字“*dyslexia*”，使它听起来像一种“真正的”医学疾病。心理问题的医学化是很典型的，例如：学习算术的障碍被诊断为计算困难，注意力问题被称为注意缺陷多动障碍或多动症。

研究定性疾病与定量维度之间联系的遗传分析涉及一种多变量分析，该分析方法检验了前文所述的性状之间的遗传联系。在这种情况下，多变量遗传分析着眼于分类诊断（定性）和连续维度（定量）之间的遗传相关性。以阅读为例，我们将双胞胎之一的定性诊断（是或否）与双胞胎中另一个阅读能力的定量评分联系起来，并比较这些同卵和异卵双胞胎的交叉相关性。这种类型的多变量遗传分析发现在诊断和维度之间存在强烈的遗传联系，这意味着有助于诊断的基因与维度相关的基因相同。

这项研究表明，相同的基因同时影响着阅读障碍和阅读能力。其他心理障碍也有类似的结果，这表明并不存在导致心理障碍的基因，同样的基因作用于正态分布的整个区间并控制着遗传率，从心理障碍遗传风险极低的少数人到具有平均遗传风险的大多数人，再到少数具有高遗传风险的人。

这种证据表明，我们所谓的疾病和障碍仅仅是在整个正态分布中起作用的相同遗传效应的定量化极值。换句话说，我们都有与阅读能力相关的DNA差异。阅读能力的好坏取决于我们遗传了多少这类DNA差异。从遗传的角度来看，异常疾病是正常维度的极值。正如我们稍后将看到的那样，"异常是正常的"这种新观点正在改变临床心理学中从诊断到治疗的一切。

如果我们直接跳到对DNA革命的讲解，而不是详细描述这种复杂的双胞胎研究分析，就更容易理解为什么"异常是正常的"。第10章中会讲到，肥胖病例中FTO基因的DNA突变频率比对照组更高，但它不是造成肥胖的基因。对瘦的人和肥胖的人来说，该基因的DNA差异都会导致体重增加6磅[①]左右。也就是说，如果你有这种DNA差异而你的兄弟没有，那么你可能比你的兄弟重，无论你们本身是胖是瘦。

在其他关于疾病的DNA研究中，这种发现一次又一次地被验证。最初鉴定时发现的以为与常见疾病相关的基因，结果都与整个分布中的正常方差相关。从分布的一个极值到另一个极值，遗传的影响都是连续存在的。换句话说，当我们发现与阅读障碍相关的基因时，这些

---

① 1磅≈0.45千克。——编者注

DNA差异并不是造成阅读障碍的原因。它们与阅读能力的整个分布有关。这些DNA差异将使一个原本阅读能力优秀的人，相较其他没有此类DNA差异的优秀阅读者略微逊色。反过来讲，当我们发现与阅读能力相关的基因时，我们也能根据同样的基因预测阅读障碍。

*

当我们谈论遗传时，很容易想到导致这种疾病的基因或导致那种疾病的基因。我将此称为OGOD（one gene, one disorder，“一个基因，一种疾病”）[①]假设，这是具有误导性的。我们这个物种确实有数千种单基因疾病，但它们很少见。相反，包括所有心理障碍在内的常见的疾病，并非由单个基因导致。

单基因遗传病意味着单一突变是导致疾病的必要且充分条件。例如，亨廷顿病是一种单基因疾病，它会损害大脑中的某些神经细胞。该疾病在成年期产生，随着时间的推移逐渐恶化，20年后会使患者完全丧失行动控制能力和智力。DNA突变是必要条件，因为如果你患有亨廷顿病，那么你一定有导致亨廷顿病的突变。DNA突变也是充分条件，因为如果你继承了导致亨廷顿病的突变，你就会得这种疾病。

对于像亨廷顿病这样基本固定的单基因疾病，遗传效应是定性的，而不是定量的。在这种情况下，你可以认为一个基因导致了这种疾病。但即使存在着数以千计的单基因疾病，它们依然是罕见的。目

---

① 该缩写的英文意思也可理解为“哦，上帝”。——译者注

前还没有发现单基因突变会导致常见的心理疾病。

心理疾病的遗传结构与OGOD假说相反。心理疾病的高遗传率是由许多DNA差异引起的，每种差异自身的效应都很小。这些DNA差异中没有一个对于疾病的产生是必要的或充分的。发现许多这样的微小遗传效应，意味着它们必然会遵循正态分布曲线定量分布。对于某种特定的疾病，例如抑郁，假设抑郁患者和非抑郁患者（对照组）之间存在1 000个DNA差异。有这些DNA差异的并不仅限于被诊断患有抑郁的人。如果有1 000个引起抑郁的DNA差异，那么人群中的一个普通人可能有500个。这些人患抑郁的遗传风险处于平均水平。具有较少的这类DNA差异的人患抑郁的风险低于平均水平，具有超过平均数量的这类DNA差异的人则更有可能抑郁。

这正是遗传影响对所有常见疾病起作用的方式。在后面的章节中，我们将考虑由与心理疾病相关的数千种DNA差异组成的**多基因评分**。这里讨论的关键是，这些多基因评分总是完全呈现正态分布，说明它们可以预测整个分布的差异：从几乎从不抑郁的人到有时抑郁的人，再到长期抑郁的人。这些多基因评分预测某人是否会被诊断为抑郁，只是因为这些人位于遗传风险正常分布的极值处。异常是正常的，因为我们都有许多导致这些心理疾病的可遗传的DNA差异。我们是否被诊断为患有主观意义上的所谓疾病，取决于我们有多少这些DNA差异。

这项遗传研究得出了一个重要的结论：没有定性的疾病，只有定量的尺度。抑郁、酗酒和阅读障碍等心理问题是非常严重的。问题越极端，就越有可能影响患者、患者的家庭及社会。但是，因为遗传风险是连续的，所以试图得出关于某人是否患有这种疾病的结论是没有意义的。根本就没有疾病，它只是定量尺度上的极值。人们的抑郁程度、饮酒量以及阅读能力有所不同，但这些问题只是正态分布的一部分。我们需要改变描述这些时所用的词，谈论“维度”而不是“疾病”。

“异常是正常的”这一发现的另一个重要意义是告诉我们疾病无法治愈，因为原本就没有疾病。我们应该从定量的角度看待治疗的成功，关注疾病得到缓解的程度。我们将在最后一章重新回到这些问题，因为DNA革命将把它们带入我们的生活中——所有人的生活中。

我们所讨论的异常是差异的正态分布的一部分，这种观点已经改变了我们对精神健康和疾病的思考方式。在最近的精神病理学诊断手册中，这种趋势反映在将一些疾病重新命名为“谱”，这是维度的另一种称谓。精神分裂症现在被称为精神分裂症谱系障碍，孤独症被称为孤独症谱系障碍。这就是为什么人们现在称某人“在谱系中”，无论他们是否真的如此。这是对定量维度方法的一种认可。

“正常是异常的”这种观点则更为激进。我们不仅在正常行为和精神分裂症，以及孤独症等可诊断疾病之间建立了一点儿灰色地带，还建立了另一种叫作“谱系障碍”的诊断类别。我们的意思是正常和异常之间的区别是人为划定的。异常者是正常的。

因为异常和正常的概念在人们的脑海中如此根深蒂固，所以下面这个例子的出现是有道理的。这个例子很滑稽，但它涉及问题的核心。想象一下，我们发现了一种新的疾病——巨人症。如果我们根据身高超过196厘米（6英尺5英寸）对该病进行确诊，那么患病率为1%。已发现的与巨人症相关的DNA差异正好也与个体身高在整个正态分布中的差异有关，无论是矮还是高。关键在于身高及其遗传基础完全呈正态分布，没有异常，只有包含正常极值的正态分布。创建另一个“几乎是巨人”的诊断类别完全无济于事。

既然身高明显属于连续性特征，为什么我们还要创造巨人症这种疾病？这完全没有意义。我认为，针对任何身体、生理或心理问题而创造具有区分度的所谓疾病都是荒谬的。它们仅仅是连续性状的极端值。

对于阅读障碍和抑郁等心理问题，我们很容易看出儿童是否具有或强或弱的阅读能力障碍，以及成年人或多或少的抑郁情绪。但是，当你得了精神分裂症和孤独症等罕见疾病时，就很容易陷入非有即无的心理中。用于诊断精神分裂症和孤独症的行为症状如此严重，以至于认为患有这些疾病的个体仅仅是正态分布的极端情况，这似乎令人难以置信。换句话说，你怎么可能只是稍微精神分裂或只有一点点儿孤独症？尽管被确诊的精神分裂症患者表现出奇怪的行为，但精神分裂症也有诸如思维混乱、信念分裂和异常以及幻觉和妄想等更严重的症状。谁没有时而表现出这些症状？我们是否被诊断为精神分裂症，与我们的症状有多严重以及它们对我们的生活和他人生活有多大影响有关。

也许存在一个阈值，超过该阈值的个体就有成为“真的”精神分裂症或孤独症患者的风险。风险可能是定量的，但结果可能是定性的，因为那些超越这一阈值的人“真的”患有精神分裂症或孤独症。接近阈值边界不算什么，心脏病和脑卒中等生理疾病的发作被认为是这种阈值边界的例子。很多因素都会提高你的发病风险，但人们认为你要么心脏病发作，要么不发作。这其实是错误的。心脏病和脑卒中的发作通常是温和的，我们往往不知道自己已经发作过一次。即使是这些极端的生理疾病的例子也是或多或少的问题，而不是非有即无。这同样适用于精神分裂症和孤独症等疾病，一个人不是跨过一个阈值而成为“真的”精神分裂症或孤独症患者的。

对于一些生理问题，我们很容易评估疾病的维度。例如：血压是高血压的评估维度。事实上，它就是诊断高血压的依据。同样地，就某些心理问题而言，用于评估疾病的维度似乎也很明显。例如，阅读能力测试一般用于诊断阅读障碍。类似地，多动症可以根据活动量多少的维度进行评估，而抑郁是情绪维度的极端。尽管精神分裂症和孤独症等问题的症状非常严重，似乎不在正态分布范围之内，但如果承认我们某时某刻都存在着某种程度的思维障碍，而不再痴迷于诊断一个人是否患有这种疾病，我们就可以定量地评估这些症状。同样地，我们也可以定量地评估孤独症的症状，例如通过社交和沟通时出现的问题评估。

在思考维度和疾病之间的关系时，出现的一个问题是明确行为分布的另一端。例如，对于阅读障碍来说，看起来分布的另一端应该是超强的阅读能力。但事实并非如此。分布的另一端是擅长基本阅读过程（比如解码和阅读流畅），还是擅长理解等高级阅读过程？或者它涉及阅读的所有组成部分？幸福快乐是抑郁所在维度的另一端吗？对于注意力不集中而言，维度的另一端是什么？它的另一端是注意力非常集中，还是可能涉及不同类型的问题，比如强迫症？

正如我们稍后将看到的那样，DNA革命将这个问题推到了临床心理学和精神病学的前沿和核心位置。预测“疾病”遗传易感性的多基因评分完全呈正态分布。因此，我们首次可以研究多基因评分正态分布另一端的个体，弄明白他们是什么样的人。

“异常是正常的”这种观点最普遍的含义是不再有“我们”与“他们”之分。我们都具有可能导致心理问题的DNA差异。我们所具有的这些DNA差异越多，我们可能表现出的问题就越多。这些全都是定量的，是或多或少的问题。

行为遗传学大发现之四：全能基因

到目前为止，心理学家不得不依靠行为症状来诊断疾病。例如，幻觉、妄想和偏执是精神分裂症的征兆。情绪剧烈波动说明可能具有双相障碍。注意力不集中和活动水平高说明具有注意缺陷多动障碍。虽然这些都是重要的行为问题，但它们在当前的诊断分类方案中被混为一谈的方式并没有得到遗传研究的支持。遗传学首次提供了预测疾病的因果关系基础，这样就不用等到症状出现，再试图使用这些症状而不是发病原因来诊断疾病。对遗传原因的研究使得我们能够绘制出一张包含多种疾病的图谱，这些疾病几乎无法通过目前基于症状的诊断被识别出来。也就是说，我们会发现遗传效应在许多疾病中同时体现出来，而不只是发现对应于不同诊断结果的独特的遗传影响。遗传效应往往是普遍的而不是独特的，这就是我把这个主题称为**全能基因**的原因。

家系研究首先表明遗传效应可能在所有疾病中都存在，而不是只针对每种特定的疾病。这些疾病并不完全纯育（真实遗传），根据父母的精神病理可以预测孩子更容易出现心理问题，但可能与父母得的病不同。例如，父母可能会被诊断为抑郁，但是他们的后代可能会被诊断为反社会行为。发育研究也表明一种疾病经常演变成另一种疾病。

自20世纪90年代以来，双胞胎研究中针对成对疾病之间遗传联系的多变量遗传分析也暗示了基因的全能性。作为最早的依据之一的一项研究，表明广泛性焦虑症和重度抑郁的遗传基础是相同的。遗传所得的DNA差异对焦虑或抑郁的风险有很大的影响，但它们并没有指明你是否会被诊断为焦虑或抑郁。无论你被诊断为焦虑还是抑郁，都是环境因素导致的。换句话说，遗传风险对所有疾病具有普遍性，而环境风险对疾病具有特异性。全能基因并不局限于已被确诊的病例。来自20多项关于焦虑症状维度与抑郁症状维度之间遗传重叠的双胞胎研究也揭示了同样的结果。

后来的数百项研究表明，与心理学家诊断手册中的数十种疾病相反，精神病理学的遗传结构只体现出三个普遍的遗传聚类。第一个遗传聚类包括焦虑和抑郁等问题，这些被称为**内倾**问题，因为它们是内向性的。第二个遗传聚类是**外倾**问题，包括儿童时期的行为问题和侵略性，以及成年后的反社会行为、酗酒和其他药物滥用问题。幻觉和其他极端思维障碍等精神病（包括精神分裂症、双相障碍和重度抑郁）构成了第三个遗传聚类。

在这三个遗传聚类中，遗传相关系数通常大于0.5，这意味着如果你发现与一种类型的问题相关的DNA差异，那么它有50%的可能也与其他类型的问题相关。并非所有的遗传效应都具有普遍性，一些遗传效应只对某一种疾病是特异的。但令人惊讶的是，研究发现遗传效应往往是具有普遍性的。最近有人提出，这三个聚类的重叠部分也就是精神病理学的普遍遗传因素。

就算是最严重的精神/心理疾病，也会表现出全能基因的影响。诊断心理疾病的第一个分支点是精神分裂症和抑郁。这一分支点在疾病诊断中非常隐秘，以至于这两种病症的诊断直到最近才被视为相互排斥的。也就是说，如果你被诊断为精神分裂症，你就不会被诊断为双相障碍——这是一种与躁狂症交替出现的重度抑郁。基于这个原因，当研究发现与精神分裂症有关的大多数DNA差异也与双相障碍、严重的抑郁以及其他心理疾病有关时，这是非常令人惊讶的。尽管精神分裂症、双相障碍和重度抑郁是得到诊断的历史最久和最能被确诊的疾病，但它们竟然表现出了最大的遗传重叠。这意味着我们将不得不把依据症状进行分类的诊断手册撕掉。

本书后续章节中将会描述的其他DNA技术，开始被更广泛地用于分析性状之间的遗传联系。这些研究证实了双胞胎研究中首次发现的全能基因在精神病理学中的重要作用。DNA革命将带来一种新的精神病理学方法，主要应用于已被遗传定义的心理健康和疾病。如上一章所述，它不仅能用于鉴别疾病，还能够用于治疗和预防。

全能基因并不局限于精神病理学领域。大多数遗传效应普遍影响着各种认知能力。例如，词汇、空间能力和抽象推理等认知能力具有超过0.5的遗传相关系数，即使这些能力被认为涉及截然不同的神经认知过程也是如此。也就是说，当我们发现与一种认知能力相关的DNA差异时，它与其他认知能力相关的可能性超过50%。某些遗传效应仅对某一种特定的认知能力有影响，但令人惊讶的是，大多数遗传效应对所有认知能力普遍有影响。

这就解释了为什么智力（更准确地说，应该称为一般认知能力）是一个如此强大的概念。它捕获了不同认知能力之间的共同点，这使得智力成为寻找全能基因的好目标。

阅读、数学和科学等与教育相关的技能表现出更高的遗传相关性：相关系数约为0.7。我最喜欢的全能基因的一个例子涉及阅读能力。研究人员开发出一项名为"语音筛选"的测试，用以区分被认为截然不同的两种阅读能力：一种是快速准确地读出熟悉的单词的能力（流利性）；另一种是发出非单词读音的能力（语音）。英国的60万名五六岁的儿童接受了这项测试，因为它被认为能够将阅读能力中的流利性和语音这两个部分区分开。

这项测试包括尽可能快地朗读该年龄段熟悉的单词和"非单词"列表。例如，熟悉的单词可能是"狗"和"运动"。非单词是前所未见的字母组合，其难度级别与真实单词匹配，例如"pog"和"tegwop"。这个有趣的测试背后的合理假设是，阅读熟悉的单词应该是自动完成的。但是，对于从未见过的非单词，孩子们需要尝试它们的发音，这就是语音。

合理的假设经常是错误的，正如这个例子一样。阅读熟悉的单词和非单词之间的遗传相关系数为0.9，这使其成为全能基因存在最有力的例证之一。也就是说，相同的DNA差异控制个体间阅读流利性和语音的差异，即使流利性和语音被认为是完全不同的神经认知过程。

最近，一个关于全能基因的强有力的例证来自我的团队在空间能力方面所做的研究。我们开发了10多个在线测试，目的是识别空间能力的特定组成部分，例如：导航、机械推理以及当物体在二维平面和三维空间旋转时对物体可视化的能力。尽管我们尽最大努力评估空间能力的各个特定方面，全能基因还是压倒了特定的遗传效应。这10多个空间测试之间的遗传相关系数平均值大于0.8。

我发现，心理学家对这种支持全能基因的证据的一致反应是不相信。一些有阅读障碍的孩子在数学方面不存在障碍，反之亦然。如果基因是全能的，为什么会产生特异的障碍？首先，特异性其实比它看起来要少。阅读和数学能力高度相关，但即便如此，仅基于统计学原因就能预期有些儿童肯定会在一个领域的表现好于另一个领域，因为二者的相关系数并不是1。其次，基因也具有特异性，即它们之间的遗传相关系数不是1。存在一些特异性的基因并不奇怪，令人惊讶的应该是普遍体现的遗传效应。

全能基因通常可能与大脑结构和功能有关。神经科学家认为大脑的不同区域行使各自特定的功能，这种理论被称为模块论。相反，全能基因意味着大脑结构和功能的个体差异主要是由许多影响大脑区域和功能的弥散效应引起的。

与传统的模块化模型相比，全能基因模型在遗传和进化上更有意义。当遗传影响复杂的心理特征（如精神病理和认知能力）以及涉及大脑结构和功能的神经认知特征时，有两个重要的原则。首先，遗传影响是由数千个效应量极小的DNA差异所导致的，这被称为**多基因性**。其次，每个DNA差异都会影响许多特征，这被称为**多效性**。基于多基因性和多效性，全能基因似乎可能产生全能的大脑。

假设大脑进化为用以解决问题的通用型工具，这也是有道理的。

自然选择并不会为了使神经科学家的研究变得简单而在大脑中创建具有特定功能的简洁的神经模块。事实上，大脑并没有进化，是人类在进化。我们祖先的生存率取决于他们将智力转化为行为的能力。能够更好地解决问题（包括快速做出生死攸关的决定）的个体，更有可能生存和繁衍。大脑中一旦出现什么优势，就会转化为解决问题的个体差异。

全能基因尚未在神经科学中得到研究，部分原因是神经科学家很少考虑个体差异。研究个体差异需要很大的样本量，这很难在神经科学研究中实现，因为脑成像研究成本非常昂贵。DNA 革命将改变这一点。我自信地预测，伴随着DNA 革命，我们会发现全能基因在从基因到大脑再到行为的每一步调控中都很重要。

行为遗传学大发现之五：同一家庭的孩子如此不同

行为遗传学的五大发现中有两项与环境有关。第一项是如前所述的后天的先天性。我们通过留意到心理学家所谓的环境度量经常表现出遗传影响，偶然发现了这一现象。这最终引领了关于环境如何起作用的全新视点。环境并不是被动地发生在我们身上的东西。相反，在一定程度上基于我们的遗传倾向，我们能够主动地感知、解读、选择、修改甚至创造环境。

关于环境的第二项重大发现也始于一个奇怪的现象：为什么在同一个家庭长大的孩子如此不同？两兄弟中一个的性格可能是外向的，另一个则是内向的；一个人的学业表现可能比另一个人好。我们现在知道遗传可以使兄弟姐妹的相似度达到50%，这意味着遗传也使他们具有50%的差异。但是，在我们意识到遗传的重要性之前，在同一个家庭中成长，拥有共同的父母和居住社区，并且在同一所学校上学的孩子为什么如此不同？这让人疑惑。

当然，兄弟姐妹并不会完全不同。例如，如果一个人被诊断为精神分裂症，那么他/她的兄弟姐妹患精神分裂症的风险为9%，远高于一般人群的1%。兄弟姐妹间的智力相关系数约为0.4，以此解释为什么兄弟姐妹具有相似性显然没有问题。当心理学在20世纪早期作为一种科学出现时，它被环境决定论所主导，认为我们被所接触和学习到的东西造就。家庭是环境造就我们的最初和首要来源。相信家庭这个环境因素的力量，使人们很容易认为后天影响是心理特征具有家系相似性的原因。你为什么和你的兄弟姐妹相似？因为你们在同一个家庭中长大。

然而，基于对家庭这个环境因素的影响力的假定，我们很难解释为什么兄弟姐妹如此不同。例如，有超过90%的可能，当两兄弟中的一个被诊断为精神分裂症时，另一个却不会。兄弟姐妹之间的平均智商分数差异是13分，与从人群中随机选择来配对的个体间的17分的平均差异相差不多。

我们的脑海中能够浮现出许多有名的不相似的兄弟，比如比尔·克林顿和他的兄弟罗杰·克林顿。罗杰因毒品交易被送进监狱，是美国特勤局代号为“头痛”的人物。在小说中，兄弟间的差异也是许多故事情节的核心，例如汤姆·索亚和他的兄弟西德·索亚（马克·吐温在他的自传中承认，这对虚构的兄弟间的差别与他和他现实生活中的兄弟亨利之间的差异非常相似）。人物传记也经常描述兄弟之间的差异。所有描写过关于创立美国心理学的威廉·詹姆斯和他的兄弟、小说家亨利·詹姆斯的人，都强调了他们的不同之处。亨利不自信、冷漠（如他自己所承认的那样），缺乏威廉那样轻松融入群体和娴熟社交的能力，他也羡慕威廉在这方面的才能。

对于兄弟姐妹之间的差异这一基本问题的回答，带来了一种令人惊叹的、几乎难以置信的观点——关于环境如何起作用。然而，这一发现在行为遗传学第一个世纪的研究中并未被注意到，当时的研究侧重于先天而非后天。双胞胎和领养研究设计旨在梳理先天与后天影响，以解释家庭成员间的相似之处。对于几乎所有的心理特征，家族相似性起源这一问题的答案都是先天：家庭成员间的相似性主要是出于遗传原因。然而，同样的研究也为环境的重要性提供了最好的证据，因为遗传率通常约为50%，这意味着人与人之间差异的一半归因于环境而非遗传。

直到20世纪70年代，行为遗传学家才开始意识到这意味着什么。我们和父母及兄弟姐妹相似，是因为我们在遗传上与他们相似，不是因为我们在相同的环境中成长并具有相同的经历或创伤。换句话说，与某人在同一个家庭中成长并不会使你们的相似程度超越遗传相似性。这项研究的惊人含义是，我们即使在出生时被分开并且在不同的家庭中被养育，也会与我们的亲生父母和兄弟姐妹相似。正如我们将要看到的那样，虽然看起来令人难以置信，但领养研究表明这是千真万确的。

但这一发现产生了更大的冲击力。行为遗传学研究的目标并不是理解为什么兄弟姐妹相似或不同。行为遗传学设计双胞胎和领养研究的目的是理解是什么让所有人（包括独生子女）不同。这项研究所暗示的是，不仅家庭不是塑造我们的整体性决定因素，而且就连家庭成员所共享的环境影响也不会造成我们不同。这是一个令人惊讶的结论，因为这些恰恰是心理学家在谈论后天因素时会考虑的环境影响。

虽然这个结论可能看起来令人难以置信，但我们已经看到了借以得出这一结论的一些数据。当我们以体重为例进行讲解时，这些数据一直充当着我们之前讨论的先天与后天研究的背景。如果与某人一起长大使你与他们相似，那么领养的亲人间应该和具有血缘关系的亲人之间一样相似。相反，我们看到领养子女的体重与和他们共享同样的家庭环境的养父母及无血缘关系的兄弟姐妹的体重完全无关。

更令人惊讶的是前面提到的一点：即使他们出生时就被不同的家庭分开领养，被领养个体的体重也会与他们的亲兄弟姐妹和亲生父母的体重相似，就像那些在同样的家庭环境里长大的亲兄弟姐妹一样。这对于在出生时就被分开领养的同卵双胞胎来说更为明显。他们在成年期的体重几乎相同，和那些从出生时就在同一家庭被抚养长大的同卵双胞胎没有区别。

双胞胎研究得出一个共同的结论：在同一家庭中长大并不会使家庭成员的体重相似，除非他们共享相同基因。双胞胎研究估测的体重遗传率为80%，而利用所有遗传数据估测的遗传率为70%。同卵双胞胎的相关系数为0.8，这意味着遗传相似性完全解释了他们在体重上的相似性。异卵双胞胎的相关系数为0.4，所估算出的遗传率也正好为80%，因为异卵双胞胎只有50%的基因相似度。

尽管对体重的研究有相当多的相关数据，因此它是一个很好的例子，但其实领养和双胞胎研究对所有人格特征和精神病理都得出了相同的结论。遗传率通常为50%，这完全解释了亲属之间的相似性。环境影响决定另外50%，但没有证据表明在同一个家庭中长大会有相同的环境影响。

缺乏相同的环境影响的证据不仅适用于传统的人格特征（比如外

向性和神经质），而且对于那些传统上被认为受父母影响的特征（比如利他主义、有同情心和善良）也是如此。这些特征是人格研究者称之为“亲和性”的要素的组成部分。我一直认为这些特征会显示出共同的环境影响，并且在第一次对亲和性人格特征的遗传研究中，我们很高兴地发现共享的环境影响至少解释了20%的方差。遗憾的是，后来的研究并未证实这一发现。我只能不情愿地承认，即使是亲和性这种特征也不会受到共同的环境影响。坚毅是另一种被认为由共同的环境影响导致的人格特征，但它也显示出与其他人格特征相同的结果：具有适度的遗传率，以及没有共同的环境影响。后天因素无法教会孩子善良或坚韧不拔。

将所有数据汇总在一起的模型拟合分析发现，家庭成员所共享的环境经历对个体差异没有任何影响。家庭成员的所有心理特征都具有相似性，但皆出于遗传的原因。与兄弟姐妹一起成长，并不会使你超越遗传的相似性而与他们更像。

环境是人与人之间差异的重要来源，但其重要性并非来自心理学家所假设的共享的家庭环境。“非共享的环境”是我给这种神秘的环境影响起的名字，它使得孩子们在同一个家庭中长大但又彼此不同。与遗传率一样，共享和非共享的环境都是方差的隐秘组成部分，是对我们之间不同之处的最基本评估，却并没有指明哪些特定因素是决定性的。

共享的环境是指使家庭成员相似的任何非遗传因素。一旦考虑到遗传率，就不需要其他原因来解释家族相似性，这意味着共享的环境可以忽略不计。非共享的环境是指任何遗传率与共享的环境无法解释的差异。与遗传率一样，对共享和非共享的环境的估测描述了在特定时间和特定人群内“是什么”。这些估测仅限于能够对该人群产生影响的因素。像虐待这样的罕见事件会给被虐者带来巨大的变化，但不能解释人群中的方差。

关于非共享的环境重要性的这一发现，在1976年进行的性格相关研究中首次被注意到，但被忽略了。随后在1987年我第一次撰写揭示这种现象的遗传研究综述时，以及1998年的一本畅销书揭示了这一主题时，都引起了争议。但现在这一发现已被广泛接受，至少已被行为遗传学家广泛接受，人们的注意力已经转移到探索任何共享的环境影响上去了。例如，青春期的犯罪行为显示出一些共享的环境影响。这意味着如果你的兄弟姐妹有不良行为，你也可能更容易陷入不良行为。尽管如此，大部分环境影响也是非共享的。

可以说，智力是影响心理特征的环境因素没有共享性这一规则的重大例外。针对被领养的兄弟姐妹的6项早期研究的相关系数为0.25，表明有1/4的智力差异可以通过共享的环境影响来解释。然而，在1978年，一项对被领养的兄弟姐妹的研究报道了他们智力的相关系数为0。虽然这项研究结果可能无法被重复，但作者指出，他们所研究的被领养的受试者年龄在16~22岁，而以前所有此类研究对象都是儿童。青春期是否会导致共享的环境对于智力影响的重要性下降？对年龄更长的被领养受试者的后续研究发现，兄弟姐妹间的智力相关性确实较低。令人印象最深刻的证据来自一项对被领养的孩子们进行为期10年的纵向随访的研究。在平均年龄为8岁时，被领养的兄弟姐妹间的智力相关系数为0.25；10年后，相同的被领养的兄弟姐妹相关系数为0。

这些同样得到双胞胎实验支持的研究结果表明，共享的环境会在童年时期，也就是当孩子们还在家生活时影响他们的智力。但随着孩子们进入青春期，他们的世界远不止家庭时，共享的环境影响变得可以忽略不计。从长远来看，共享的环境影响不是个体智力差异的重要来源。有趣的是，虽然共享的环境影响在青春期下降，但从儿童期到成年期，遗传率却在稳步上升。

学业成绩是该规则的另一个明显例外。从自然科学到人文科学，所有科目的学业成绩测试通常都显示，20%的表现方差可以用共享的环境影响来解释。那么，青春期之后共享的环境对学业成绩的影响是否会减少，就像对智力一样？针对大学教育成就的第一项基因研究表明情况可能确实如此。共享的环境对STEM科目（science, technology, engineering and mathematics，即科学、技术、工程和数学）的表现没有影响，并且仅占人文学科表现方差的10%。在所调查的数百个特征中，其他的例外是一些宗教和政治信仰，共享的环境影响约贡献了20%的方差。

在导致人们彼此不同的环境因素中，这些神秘的非共享的环境影响到底是什么？任何环境因素都可以作为非共享的环境的潜在来源被分析，我们只需探究它是否会使兄弟姐妹彼此不同。例如，父母不会完全相同地对待他们的孩子。家庭以外的环境因素（例如学校、同学和人际关系）都是兄弟姐妹非共享的环境经历。如果兄弟姐妹对事情的感受不同，即使是共享的事情也可能成为非共享的环境的来源。例如，如果一个家庭的父母离婚，这会是一个影响所有孩子的事件，但这些孩子仍然可以用不同的方式体验和感知它。某个孩子往往比另一个更难接受这件事，或者可能更个人化地处理它。除非一个环境因素使同一家庭中的孩子不同，否则它在发育中就不重要了。

尽管有许多可能的候选因素，但确定非共享的环境效应的具体来源进展缓慢。鉴别非共享的环境影响有三个步骤。首先是确定兄弟姐妹之间不同的环境因素。通过总结大量文献，我们发现生活在同一个家庭中的兄弟姐妹有着截然不同的经历。这几乎就像他们生活在不同的家庭一样，尤其是当他们对父母对待他们的方式进行解读时，竟然有如此大的差异。早期的研究主要集中在父母和孩子们身上。现在回想起来，那么多寻找使家庭成员彼此不同的因素的研究竟然聚焦于家庭本身，这似乎很奇怪。其实审视家庭之外的因素，比如学校、同事、朋友，看起来更可能找到使兄弟姐妹彼此不同的因素。

第二步是表明这些环境差异确实会造成心理差异。也就是说，父母可能以不同的方式对待他们的孩子，但这会对孩子们的成长产生影响吗？只有少数非共享的环境的候选因素能够满足第二个条件。一个例子是父母对待孩子的消极性差异与孩子的抑郁情绪相关。也就是说，越是被父母消极对待的孩子，越容易变得抑郁。但是，为什么父母会对待一个孩子比另一个更消极呢？这就涉及了第三步。

第三步考虑了后天因素的先天性。环境度量显示遗传影响，而遗传学通常可以解释环境度量与心理特征之间一半左右的相关性。换句话说，孩子可能会因为他们在遗传上有所不同而被区别对待。例如，父母对孩子的消极态度的差异可能是孩子抑郁的结果，而不是原因。很少有非共享的环境的候选因素能够通过第三步的检验。

在20世纪90年代，我和我的同事戴维·赖斯（David Reiss）、梅维斯·赫瑟林顿（Mavis Hetherington）对700个青少年家庭进行了为期10年的纵向研究，称为“青少年发展中的非共享的环境研究”（NEAD）。NEAD的目标是在遗传因素敏感实验中，发现非共享的环境影响。NEAD使用独特的设计控制了遗传差异，研究对象涵盖双胞胎、亲兄弟、同父异母或同母异父兄弟，以及被收养的无血缘关系的兄弟。NEAD发现了一些环境度量，这些度量满足了第二步的条件，显示了它们在兄弟之间的差异确实与他们的心理差异相关。上面所提及的例子是NEAD中最显著的非共享的环境关联之一：父母对孩子态度的消极性差异与孩子的抑郁及反社会行为的差异有关。

但几乎没有任何NEAD的研究结果能够满足第三步的条件。非共享的环境与心理结果之间的明显关联主要是由于遗传差异。对这一现象的首次报道来自NEAD，证明遗传在很大程度上决定了父母对孩子态度的消极性差异，与孩子的抑郁或反社会行为的可能性之间的关系。换句话说，父母的消极性是对孩子抑郁和反社会行为的反应，而不是原因。这就好像父母和他们的孩子处于下沉的旋涡中，在父母的消极性和青少年令人不愉快的行为之间存在着负反馈环。有趣的是，大多数满足第三步的条件的非共享关联都涉及发育的阴暗面，例如消极的养育与抑郁和反社会行为等负面结果。

同卵双胞胎为剖析非共享的环境提供了一把特别锋利的手术刀，因为它可以控制可能的遗传效应。同卵双胞胎在遗传上是相同的，所以这些孩子们仅因非共享环境的原因而不同。然而，对同卵双胞胎之间差异的研究发现，同卵双胞胎的环境差异与他们的心理差异之间的关联很小。

在绝望中，我们对一些在某些特征方面（例如学业成就）差异最大的同卵双胞胎进行了几项研究。我们采访了这些双胞胎及他们的父母，看看是否能够提出关于环境因素如何使同卵双胞胎不同的假说。我们讨论了普遍性问题，例如“你和你的双胞胎兄弟/姐妹都认为你们在学校的表现有所不同，那么你认为导致这种差异的原因是什么”，以及基于他们之前完成的调查问卷而设计的更具体问题。我们并没有太多发现。例如，同卵双胞胎中特定科目的学业表现更好的那个孩子会说他有更好的老师，或者对这个学科更感兴趣并且更努力地学习。我们得到的总体印象是双胞胎以及他们的父母并不知道是什么环境因素真正导致他们如此不同。

非共享的环境影响似乎来自许多不同的经历，每段经历都会产生微小的影响。可能存在着非常多的具有微小效应的经历，它们本质上都是独特的，这意味着最终都会归结为机会。有时机会很大，例如重大疾病、事故或战争经历会对个人发展的过程产生重大影响。更令人惊讶的是，通常看似微不足道的偶然事件起初只会稍微改变人生的方向，但随着时间的推移，最终会产生巨大的效应。

传记和自传经常会用偶然性（如儿童时期的疾病）来解释为什么兄弟姐妹之间如此不同。我最喜欢的一个例子是查尔斯·达尔文在自传中讲述的，关于他在小猎犬号上的5年随航生活。这次航行最终引领他提出了进化论。达尔文写道：“小猎犬号上的航行生活是迄今为止在我生命中最重要的事件，它决定了我的整个职业生涯。然而，这一切起源于一件跟我的鼻子形状一样芝麻绿豆大的小事——我的叔叔提出带我到30英里外的什鲁斯伯里去（很少有叔叔会这么做）。”

达尔文关于鼻子的评论所隐喻的是小猎犬号的船长——异想天开的菲茨罗伊。达尔文第一次见他是在什罗普郡的什鲁斯伯里。菲茨罗伊几乎拒绝了达尔文同行，因为菲茨罗伊是颅相学的信徒，习惯通过头部的形状来预测人的性格。菲茨罗伊认为达尔文鼻子的形状说明其不具备足够的精力和航行的决心。在他仅有的几个笑话中，达尔文提及，在航行期间菲茨罗伊终于确信“我的鼻子给他提供了错误信息”。

达尔文的堂兄、19世纪行为遗传学的创始人弗朗西斯·高尔顿在评论“机会的奇怪效应产生了稳定结果”时，指出了机会的重要性。这听起来就像是一个签饼。高尔顿还说：“纠缠着的绳索不停地被抽拉，很快就打了死结。”换句话说，小的机会事件可能会随着时间的推移产生连锁效应。

这些例子，以及高尔顿的纠缠的绳索打了死结的比喻，暗示这些机会事件具有持久的影响。但情况其实更加复杂。遗传研究表明，非共享的环境影响不仅是非系统性的，在某种意义上它们大多也是偶然性的，在很大程度上不稳定——在时间上具有不一致性。对同卵双胞胎差异的纵向分析让我对此有了了解。同卵双胞胎的心理特征差异只能归因于非共享的环境，在时间上具有不稳定性。也就是说，双胞胎中今天更快乐的一个可能明天会成为不开心的那一个。同卵双胞胎在认知能力和学业成就方面的差异，相对来说比性格和精神病理方面稳定，但稳定的程度并不多。目前，还没有任何同卵双胞胎的差异能够稳定保持数年的例子，说明非共享的环境并不具有持久的影响。这意味着使同卵双胞胎不同的非共享的环境因素并不稳定，它们就像是随机噪声。

1987年，我用“前景黯淡”来总结这项研究，陈述了“显著的环境影响可能是非系统性的、特殊的或偶然的事件”这种可能。换句话说，塑造了我们的关键的环境影响可能是偶然的，是不可预测的事件。对于以上这个令人沮丧的结论，我现在还要补充一点，它们的影响不会持久。所有这些特征都使得这些事件极难被研究。

与其从一开始就接受这种令人沮丧的预期，寻找可能的非共享的环境影响的系统来源也许更有科学意义。然而，经过30年对系统性的、非共享的环境影响的不断找寻和失败，是时候接受这个令人沮丧的预期了。非共享的环境影响是非系统性的、特殊的、偶然发生的事件，没有持久的影响。那个塑造了我们的系统的、稳定的、持久的因素是DNA。

DNA蓝图：了解我们是谁

2010年，刚刚得到任命的英国教育大臣迈克尔·戈夫决定，英国的学校应该恢复用发出字母和单词的读音来教授阅读的方法。当时，全英范围内的课程使用了“看图说单词”的方法，让儿童通过视觉学习整个单词，并且期望他们逐渐获得识别字母读音的能力。为了确保教师遵循这一课程改革，所有一年级学生都接受了语音筛选测试。

上文所提到的语音筛选测试涉及尽可能快地朗读40个适龄的孩子们熟悉的单词和非单词。例如，一些简单的词是“狗”“大”“热”，较难的词是“项目”“频繁”“运动”。非单词是孩子以前从未见过的字母组合，其难度级别与真实的单词相匹配。它们也从简单（“pog”“dat”“bice”）到困难（“supken”“tegwop”“slinperk”）不等。这个有趣的测试背后的合理解释是，阅读熟悉的单词应该是自动完成的，但是孩子们阅读以前从未见过的非单词时需要尝试着发音，这就是语音能力。

孩子们在语音筛选测试中表现得如何，会被归结为他们的老师语音教得有多好。如果学生没有达到国家标准，学校就会被点名而蒙羞。像通常在教育领域出现的情况一样，围绕语音测试的激烈讨论中竟然没有提到遗传影响。然而，当我们在双胞胎早期发育研究中进行测试时，我们发现语音能力是这个年龄段被报道的具有最高遗传率的性状之一，遗传率约为70%。这意味着语音筛选测试并不能衡量孩子们在阅读方面被教得有多好。相反，它是衡量受遗传驱动的阅读学习能力的灵敏量度。念同一所学校甚至是在同一个家庭中长大的孩子们所共享的环境因素，仅贡献了儿童语音测试表现不到20%的方差。

教育领域是接受遗传研究影响最慢的领域。在其他领域，特别是心理学领域，我们已经离认为我们由所接触和学习的东西造就的环境决定论很远了。发现遗传影响占人与人之间心理差异的一半左右，意味着遗传是迄今为止对心理结果最重要的系统性影响。遗传影响是人们在性格、心理健康和疾病，以及学习和认知能力方面存在差异的主要原因。DNA是塑造我们的蓝图。

环境影响贡献了剩下的一半差异，但正如我们在前一章中所看到的那样，环境并不像我们所理解的那样重要。我们知道环境影响导致了差异，因为遗传率只有50%左右，但是显著的环境影响并不是心理学家所认为的在发育中具有重要意义的共享的、系统的、稳定的影响。此外，对后天因素的先天性的研究表明，看起来是环境效应的因素其实在很大程度上仍然反映了遗传差异。

这些研究结果汇总在一起，指出了一种关于人类个体性的新观点，对个人和社会产生了广泛的影响。本章将探讨它对育儿、学校教育和生活的影响，下一章则将考虑它对机会均等和精英统治制度的影响。

父母很重要，但他们不会产生太大影响

显然，父母在孩子的生活中非常重要。他们为孩子的发育提供必要的生理和心理要素。但是，如果遗传导致了大部分系统性差异，并且环境影响是不系统和不稳定的，那么这意味着父母除了在受孕时为孩子提供了基因以外，不会对孩子今后的发育结果产生太大的影响。我们在前一章中看到，共享的环境因素几乎不影响青春期之后的性格、心理健康或认知能力。这甚至包括那些似乎特别容易受到父母影响的人格特征，如利他主义、善良和严谨尽责。数百种特征中唯一例外的是宗教和政治信仰，显示出一些共享的环境影响存在的证据。作为父母，你可以改变孩子的信仰，但即使是在这一点上，共享的环境影响也仅贡献了20%的差异。

此外，我们在将教养的差异与孩子们成长结果的差异进行关联时发现，相关性主要是由遗传导致的。这些相关性是由后天因素的先天性导致的，而不是后天因素本身。也就是说，出于前面已经讨论的三个原因，育儿与孩子的成长结果相关。一个原因是父母和他们的孩子在遗传上有50%的相似性。粗俗地说，好父母有好孩子，因为他们都有好的基因。另一个原因是，父母的教养行为往往是对孩子遗传倾向的反应，而不是原因。对于有一个不喜欢被拥抱的孩子的父母来说，做出亲昵深情的行为会是很尴尬的。最后，无论父母如何，孩子都会创造自己的环境。也就是说，他们选择、修改和创建与其遗传倾

向相关的环境。想要进行体育运动或者学习乐器的孩子会对他们的父母软磨硬泡以达到这一目标。

从本质上讲，父母给孩子的最重要的东西就是他们的基因。许多父母会发现这令人难以接受。作为父母，你会在内心深处觉得你可以影响孩子长大成为什么样的人。你可以帮助孩子提高阅读和计算能力。你可以帮助一个害羞的孩子克服害羞。此外，你似乎必须得有所作为，因为你饱受育儿书和媒体的轰炸，它们告诉你该如何正确培养孩子，让你担心和焦虑，生怕哪儿做错了。（不过，这些书在提供育儿技巧方面还是很有用的，例如：关于如何哄孩子入睡，如何让挑食的孩子吃饭以及如何处理孩子的自律等问题。）

但当这些畅销的育儿书承诺会改变孩子的成长发育结果时，它们就像是在兜售万金油。除了那些传闻和逸事之外，真的有证据表明孩子的成功取决于“虎爸虎妈”是否严格要求孩子或给孩子们足够的勇气吗？在控制了遗传因素之后，没有证据表明这些培养方式对儿童的成长产生了影响。

对我们中的许多人来说，这个结论在解读我们和父母的关系方面也很难令人接受。当你想到自己的童年时，父母的作用无疑会显得很大，他们似乎是你生活中最重要的影响因素。出于这个原因，我们很容易将我们的成长（无论好坏）归结为父母的影响。如果我们快乐又自信，我们可能会相信这来源于父母的爱和支持。如果我们受到心理伤害，我们可能会归咎于父母关爱不足。然而，遗传研究的意义同样适用于此。一旦你控制了遗传因素，父母培养方式的差异就与孩子们成长结果的差异无关。你父母对你是谁的系统性影响，依赖于他们给你的基因。

如果你仍然很难接受教养方式的影响力比你想象的要小这件事，那么回顾一下我们之前讨论的关于遗传的两个普遍启示吧，这可能有用。第一个启示是基因研究描述“是什么”，而不是“将成为什么”。父母可以为他们的孩子带来改变，但是就群体平均而言，父母教养方式的差异对孩子成长的影响没有超出他们所共享的基因的效应。父母在孩子成长的各个方面对孩子的指导程度各不相同。他们在推动孩子认知发展（例如在语言和阅读能力方面）的程度上也有所不同。父母不仅在较传统的方面不同，例如情感和社交等性格方面，在多大程度上帮助或阻碍孩子建立自尊心、自信心和决心方面也有所不同。但是在人群中，一旦考虑到遗传因素，这些教养方式的差异对孩子的成长结果就不会有多大影响。超过一半的儿童的心理差异是由他们遗传而得的DNA差异引起的，其余的差异主要来源于偶然经历。作为父母，这些环境因素是我们无法控制的。正如我们在前一章中看到的那样，我们甚至不知道这些因素到底是什么。

第二个启示是遗传研究描述了遗传和环境影响的正常差异范围，其结果不适用于正常范围之外的情况。严重的遗传问题（比如单基因或染色体问题）或严重的环境问题（比如忽视或虐待）都可能对儿童的认知和情感发育产生破坏性影响。但幸运的是，这些破坏性的遗传和环境事件是罕见的，并不会对人群差异产生太大贡献。

话说回来，父母和教养确实非常重要，尽管教养方式的差异对儿童的心理发育没有太多影响。父母是孩子生活中最重要的关系。尽管如此，父母仍然必须理解：孩子并不是一块橡皮泥，可以被任意塑造成父母想要的样子。父母也不是按照蓝图塑造孩子的木匠。他们不是园丁，不能像培育和修剪植物那样实现某种结果。关于教养的遗传研究得出了令人震惊的结论：父母对其子女的成长结果几乎没有系统性的影响，他们的影响无法超出基因所提供的蓝图。

让父母们意识到除了遗传之外，孩子们身上发生的大部分事情都涉及他们无法控制的随机经历，这一点也很重要。好消息是，从长远来看，这些随机经历并不会产生太大的差异。正如前一章所讨论的那样，这些经历的影响并不稳定。孩子们在经历父母离异、搬家和失去朋友等挫折之后会反弹回原本的基因轨迹，只不过有的孩子快一些，有的孩子慢一些。

在日常生活的喧嚣中，父母主要是在回应孩子的遗传差异。这是导致教养与儿童成长结果之间相关的主要原因。我们会为喜欢听我们读书的孩子读书。如果他们想学习演奏乐器或参加某项运动，我们就会培养他们在这方面的兴趣和能力。我们可以试图强加我们的梦想给他们，例如期望他们成为世界级的音乐家或明星运动员。但除非我们遵循遗传原则，否则不可能取得成功。如果我们违背遗传原则，就有可能损害我们与子女的关系。

遗传提供了以不同的角度思考教养方式的机会。我们可以帮助孩子们找出他们喜欢做且做得好的事情，而不是试图塑造父母理想中的孩子。换句话说，我们可以帮助他们成为他们自己。请记住，你的孩子与你有 50% 的相似性。普遍而言，遗传的相似性使得亲子关系能够更和谐。如果你的孩子非常活泼，那么你也可能是这样，这会使孩子的好动更容易被接受。即使你们都很容易情绪失控，如果你能认识到自己的遗传倾向，你也至少可以更好地理解它并且更加努力地消除可能引发愤怒的状况。同样有用的是，要记住我们的孩子与我们有 50% 的不同，并且兄弟姐妹彼此之间的差异也为 50%。每个孩子都具有他们自己的遗传基因，我们需要认识并尊重他们的遗传差异。

最重要的是，父母既不是木匠也不是园丁。教养不是实现目标的手段。它是一种关系，而且是我们生命中持续时间最长的关系之一。就像我们的伴侣和朋友一样，我们与孩子的关系应该基于陪伴他们，而不是试图改变他们。

我希望在充斥着谴责父母的理论和育儿指导书籍的社会里，这是一条令人释怀的信息，一条能够缓解父母的焦虑和内疚感的信息。这些理论和书籍可能会吓坏我们，让我们认为一个错误的举动就会永远毁掉一个孩子。我希望它能让父母摆脱这样一种错觉，即孩子未来的成功取决于父母如何努力地推动他们。

与之相反，父母应该放松并享受与孩子的关系，而不是时刻感受到自己需要塑造他们。这种享受的一部分就是看着你的孩子成为他们自己。

学校很重要，但它们并不会产生太大影响

同样的原则适用于教育。学校的重要性在于它们教授识字和算术等基本技能，并传授有关历史、科学、数学和文化的基本知识。这就是世界上大多数国家的基础教育是义务教育的原因。学校之所以很重要，还因为孩子们在学校度过了他们童年的一半时间。

但我们的关注点是个体差异。孩子们在学校的表现有很大差异。在孩子学业成就的差异中，有多少取决于他们在哪所学校就读呢？答案是并不多。这一结论源于对学校给孩子成绩差异带来影响的直接分析，尤其是当我们控制了遗传影响时。

在英国，“学校排名表”会根据测试成绩的平均差异对学校进行排名。此外，严格的政府检查也会根据学校的教学质量和它们给予学生的支持程度对学校进行排名。各个学校依据这两个指数排名会有所不同，但这里的问题是学生的学习成绩差异有多大比例是可以被学校排名所解释的。出于学校对孩子的学习成绩有很大影响的假设，这些排名指数促使父母焦虑地将孩子送到最好的学校。

事实上，学校的差异对孩子的成就并没有多大影响。最引人注目的结果基于密集且昂贵的学校质量定期评估：每三年左右由英国教育标准办公室（Ofsted）的评估员团队访问每所学校，考察教师质量和学校环境。我们将孩子们就读的由国家支持管理的中学的Ofsted评级，与他们16岁时在英国普通中等教育证书（GCSE）测试中的成绩进行关联。在用孩子们的小学成绩进行校正后，学校质量的Ofsted评级仅解释了GCSE分数不到2%的方差。也就是说，孩子们的GCSE分数几乎和学校的Ofsted评估等级不相关。这并不意味着学校提供的教学和支持质量并不重要。它对学生的生活质量很重要，但对他们的教育成就没有影响。

鉴于各方媒体都关注学校在学生表现方面的平均差异，得出学校排名对孩子们的成绩没有太大影响的结论是令人惊讶的。这其实反映了平均差异和个体差异之间的混淆。排名表中学校之间的平均差异掩盖了学校内部的个体差异，这意味着最好和最差学校的孩子之间的表现有很大范围的重叠。换句话说，最差的学校里有些孩子的表现胜过最好的学校中大多数的孩子。成绩平均差异最大的是选择性和非选择性学校。我们稍后会讨论这个问题，届时我们会研究教育和职业的选择，这会引出精英统治和社会流动的问题。

在前几章中介绍的遗传研究结果，例如遗传率、非共享的环境和后天因素的先天性，其实已经预示了这些发现。遗传所得的DNA差异贡献了孩子学业成就差异的一半以上。遗传是迄今为止学业成绩的个体差异的主要来源，尽管遗传在教育领域中很少被提及。

环境因素解释了学业成绩差异的其余部分，但大多数环境差异并不是学校教育系统性和稳定性影响的结果。就读同一所学校和在同一家庭中成长的孩子所共享的环境影响仅占学业成绩方差的20%，而环境因素对大学生学业成绩的影响则不到10%。

关于环境的另一个重要发现是后天因素的先天性。看起来是环境影响的，其实是遗传差异的体现。这表现在教育方面，看似是学校对孩子成绩的环境影响，实际上是遗传效应。这样的例子包括学生成绩与学校类型之间的相关性，以及父母和子女教育成就之间的相关性。这两种相关性通常被解释为由环境所导致，但两者其实基本上都是由遗传所介导的，正如我们将在下一章中所看到的那样。

发现遗传所得的DNA差异是迄今为止造成学业成就个体差异的最重要来源，并且发现学校对成绩的个体差异贡献很小，这并不需要特定的政策回应。与给父母们提供的信息相似，遗传研究表明，教师同样不是改变儿童学业表现的木匠或园丁。学校与其通过填鸭式的应试教育，试图让学生通过测试以提高学校的排名，倒不如提升对孩子们的支持程度，毕竟他们要花费10多年的光阴在这里学习。孩子们在校时除了学习识字和算术等基本技能之外，也要学会享受学习。用20世纪美国重要教育改革家约翰·杜威的话来说，教育不仅是为生活做准备，它本身就是生活的重要组成部分。

生活经历很重要，但它们并不会产生太大影响

遗传研究不仅对我们如何看待育儿方式和学校教育意义重大，而且对我们如何思考自己的成年生活有着深远的影响。遗传是我们生活中的主要系统性影响，随着年龄的增长，遗传的影响会越来越大。因此，遗传对于了解我们是谁有重要作用。我们的经历非常重要，它包括了我们与合作伙伴、孩子和朋友的关系，我们的职业和兴趣，等等。这些经历使生活变得有价值并赋予其意义。这些关系也可以改变我们的行为，例如帮助我们戒烟或减肥。它们可以通过鼓励我们锻炼、参加体育运动和社会活动来影响我们的生活方式。但它们不会改变我们的心理，例如我们的性格、心理健康和认知能力。生活经历很重要，它们可以深切地影响我们，但它们并不能改变我们是谁。

这个结论源于我们在父母教养和学校教育中使用的同一套遗传研究结果：显著和实质性的遗传影响，后天因素的先天性以及非共享环境的重要性。

应激性生活事件的个体差异是最先被发现受遗传影响的环境度量之一。大多数关于生活事件的研究基于对压力事件及其影响的自我报告度量完成。然而，我们看到即使是客观地衡量离婚等事件，也会显示出遗传影响。父母离婚是孩子离婚的最佳预测因子，但这种相关性很容易被解释为环境影响，而其实质上应完全归因于遗传。社会支持的质量是生活经历的另一个主要方面，这通常被认为是环境影响的来源，但实际上是由遗传差异造成的。

发现遗传对“环境”度量中个体差异的影响促使有研究表明，遗传影响占生活经历与心理特征之间相关性的一半左右，例如对生活

事件的认知与抑郁之间的相关性。这是后天因素的先天性的另一个例子。

关键在于，生活经历不仅仅是不幸发生在我们身上的事件，我们不是被动的旁观者。鉴于遗传影响使我们具有丰富的心理差异，我们在体验生活事件和社会支持方面的倾向会有所不同。后天因素的先天性提出了一种新的经验模型，即我们积极地感知、解释、选择、修改和创造与我们的遗传倾向相关的经验。

对于理解为什么生活经历在心理上没有任何影响，非共享环境的重要性同样具有重要意义。生活经历的遗传率约为25%，这意味着大多数生活经历的个体差异都源于环境。我们不会与兄弟姐妹共享这些环境影响，即使他/她是我们的同卵双胞胎。我们的父母除了通过他们给我们的基因产生影响之外，也不应因为我们的成长结果而被表扬或是受到谴责。没有人被表扬或被指责，因为这些非共享的环境影响是非系统性且不稳定的。除了遗传的系统且稳定的力量之外，或好或坏的事情就是自然地发生着。就像之前提到的教养相关状况那样，好消息是这些随机经历从长远来看并不重要，因为它们的影响并不持久，我们最终会回归我们的遗传轨迹。在某种程度上，我们的经历看起来是共享的、系统的和稳定的，它们反映了我们的遗传倾向。这些相关性是由遗传引起的，而非环境引起的。

*

总而言之，父母很重要，学校很重要，生活经历也很重要。但它们对塑造我们成为谁没有影响。DNA是唯一能产生实质性系统差异的因素，占心理特征差异的50%。其余的差异可以归结为没有长期影响的随机环境体验。

许多心理学家都会对这个大胆的结论感到震惊。前面提到的卡尔·波普说过，科学的第一戒律是：理论不仅是可检验的，而且是可证伪的。要证伪这个结论很简单，只需证明在控制遗传影响后，父母教养、学校教育和生活经历等环境度量因素确实产生了环境影响。仅有一些传闻和逸事是不够的，它们并不足以显示统计上的显著影响，而且问题在于这些事情是否解释了超过1%或2%的差异。我并不担心这个结论被证伪，因为它背后有着一个世纪的研究支持。

我们应该从这些发现中学到的一点是对他人及对我们自己的宽容。我们应该认识并尊重遗传对个体差异的巨大影响，而不是指责他人或自己陷入抑郁、学习速度慢或者超重。是遗传而不是缺乏意志力，使一些人更容易出现抑郁、学习障碍和肥胖等问题。遗传也使一些人更难以缓解他们的问题。评价克服这些问题的成功和失败，以及是该被表扬还是被责备，应该根据遗传的优势和劣势进行校准。

更进一步说明这一点，我认为理解遗传的重要性和环境影响的随机性，可以使我们从遗传的角度更好地接受甚至享受我们是谁。与其力争一个高高在上的、不可能实现的理想自我，不如寻找你真实的遗传自我，并且由内而外地切实感到舒适和自在。况且，正如我们所看到的那样，随着年龄的增长，遗传影响逐渐增加，我们会变得越来越像这个遗传自我。

我并不是要通过指出大部分生活中的系统差异是由遗传所得的DNA差异引起的，暗示人们不应该试图改善他们的任何缺点或提升某些方面。遗传率描述了“是什么”，但不能预测“可能是什么”。正如我多次强调的那样，体重的遗传率高并不意味着你无法控制自己的体重。遗传率并不意味着我们必须屈服于抑郁、学习障碍或酗酒等遗传倾向。基因不是命运，你可以改变它。但是，遗传率意味着有些人更容易受到这些问题的困扰，并且更难克服这些问题。

“如果一开始你没有成功，那就努力、努力再努力。”托马斯·帕尔默说。“尽你所能”（美国陆军征募标语），“任何人都可以长大成为总统”（美国人常这么说）……在我们的生活中，我们被这些鼓舞人心的格言所激励，从童年歌曲中不懈地在喷泉口攀爬的蜘蛛，到像《小火车做到了》这样的童话故事，再到像苏格兰国王罗伯特·布鲁斯反复观察蜘蛛结网这样的成人寓言，以及许多关于克服困难的自传、小说和电影。冲击也同样来自流行的心理学书籍，它们传递的信息是：成功所需要的只是一剂灵丹妙药，比如正向思考的力量、成长型思维、勇气或是1万小时的练习。

任何受这些格言影响的人都应该理解，与格言中正好相反，遗传才是生命中主要的系统力量。需要再次强调的是，这并不是说基因就是命运。这只是说，在可能的情况下，肯定和遵循遗传的规律而不是试图逆向而行似乎更为明智。正如W. C. 菲尔兹所说：“如果一开始你没有成功，请再试一次，还是不行就放弃吧。做一个一根筋的傻瓜是没有用的。”

第9章

机会均等和精英统治

如果学校、父母教养和我们的生活经历都不会改变我们是谁，那么这对社会意味着什么——特别是对于机会均等和精英统治来说？它是否意味着遗传上的富人会变得更富有，而穷人会变得更穷？社会等级的遗传不可避免吗？这对不平等有什么影响？在本章中，我们将探讨前面章节中讨论的那些和我们直觉不符的发现所带来的启示。

这些问题与精英统治的主题有关，而精英统治与机会均等不同。机会均等意味着人们得到相同的待遇，例如每个人都有平等的教育资源。精英统治只有在出现选择时才会被提及，例如在教育和就业方面。精英统治意味着选择是基于能力指标做出的，而非基于一些不公平的标准，如财富、偏见或主观臆断。

尽管精英统治听起来像是一个不可抗拒的好主意，但这个新词“精英统治”（meritocracy）的两个部分都充满了令人难以接受的内涵。前半部分的名词“merit”指的是能力和努力，但它也意味着价值，来源于拉丁语“*meritum*”，意思是“值得称赞”。后半部分的“ocracy”指权力和统治。将精英统治的这两个组成部分与遗传相结合，意味着我们被遗传精英统治，其地位是与他们的能力和努力所匹配的。反过来，我们也可以反驳，一个只是幸运地拥有好基因的人并不值得轻松拥有这一切，能够轻松地学习和获得令人满意的工作，这种好运已经是对他们的奖励了。谁说我们应该由遗传精英统治？世界各地的平民主义政治压力表明了对相反观点的渴望。

前几章强调的遗传研究的三个发现改变了我们对机会均等和精英统治的看法。重申一下，这些发现有关遗传率、非共享的环境和后天因素的先天性。也就是说，遗传提供了我们之间的大部分系统性差异，而环境的影响是随机的；我们自身所选择的环境也显示出遗传影响。这些发现对机会均等和精英统治具有不同的含义。

乍一看，遗传似乎与机会均等相对立，违反了1776年美国《独立宣言》的第二句所载的原则——人人生而平等。然而，美国的创立者并不是说所有人都是相同的。他们指的是“不可剥夺的权利”，包括“生命、自由和追求幸福”的权利。通俗地说，这意味着法律面前的平等保护和平等机会。但平等并不意味着相同。如果每个人都相同，就没有必要担心平等权利或平等机会。民主的本质是保证人们尽管存在差异，但仍得到公平对待。

从遗传的角度看待机会均等，最重要的一点是机会均等并不能转化为结果的平等。如果所有儿童的教育机会均等，他们在学校的成绩是否就会相同呢？答案显然是“否”，因为即使消除了环境差异，遗传差异仍将存在。

从这一点出发将会引申出遗传学最特别的意义。遗传与机会均等并不是相对立的，结果的遗传率可以被视为体现机会均等的指标。机会均等意味着特权和偏见等环境优势和劣势对结果几乎没有影响。在降低系统性环境差异后仍然存在的结果个体差异，在很大程度上来源于遗传差异。如果是这样，教育机会越均等，就越能表现出学业成就的遗传率。学业成就的遗传率越高，环境优势和劣势的影响就越小。如果只有环境差异重要，遗传率就会为0。研究发现学业成就的遗传率高于大多数特征，大约为60%，这表明了机会基本均等。

环境差异解释了余下的40%方差。这是否意味着机会的不均等？如果环境影响是不共享的，就意味着它们不是由系统性的机会不均等所引起的。然而，正如我们所看到的，对小学和中学阶段成绩的遗传研究是环境影响不共享这条规则的一个例外。对于学业成就而言，有一半的环境影响（占总方差的20%）由就读于同一所学校的孩子所共享。这一发现意味着高达20%的学业成就差异可能是学校或家庭环境的不平等所造成的，尽管这种影响大多会随时间的推移在上大学前逐渐消失。

第三个发现是后天因素的先天性，也涉及理解机会均等与结果之间的关系。事实上，看似系统性的环境影响其实反映了遗传差异。例如，父母的社会经济地位与其子女的教育和就业结果相关。这种相关性被解释成是环境引起的。也就是说，受过良好教育的富裕父母被认为可以传递特权，创造环境驱动的教育机会的不均等，并扼杀所谓的代际教育流动性。

遗传将这种相关性的解释颠倒过来了。父母的社会经济地位是一个指标，用来衡量他们的教育和职业发展结果，而这些结果都是高度可传承的。这意味着父母与其子女的社会经济地位之间的相关性，实际上体现的是教育和职业方面的亲子相似性。遗传效应又被称为“亲子相似性”，在很大程度上导致相关性不足为奇。亲子相似性是遗传率的指标，而遗传率又是机会均等的指标。因此，在教育和职业方面的亲子相似性，恰恰说明了社会流动性而非社会惯性。

有一种更微妙的思考后天因素的先天性及其与机会均等之间关系的方式是基因–环境相关性，这意味着我们的经历与我们的遗传倾向相关。正如我们所看到的那样，性格、精神病和认知能力的遗传差异使我们对生活的体验各不相同。在教育方面，受过高等教育的父母提供了遗传和环境，共同影响着孩子在学校表现良好的机会，例如阅读能力和孩子对学习的态度。学校根据遗传特征（如能力和以前的成绩）对孩子进行筛选。这些分别是被行为遗传学家称为被动的和回应性的基因–环境相关性的例子。

最重要的类型是“积极的基因–环境相关性”。孩子们积极选择、修改和创造与其遗传倾向相关的环境。例如，孩子们的能力和喜好的遗传差异会影响他们利用教育机会的程度。这就是为什么无法通过给予孩子均等的机会，最终创造出平等的结果。能力和喜好的遗传差异会影响孩子利用机会的程度。在很大程度上，机会是需要被孩子们自己抓住的，而不是别人给予的。

将基因–环境相关性视为不平等是错误的，因为它归根结底是基于遗传的。因此，基因–环境相关性很难被破坏。除非我们在孩子出生时对其进行领养，否则我们不能阻止亲生父母为孩子提供相关联的遗传和环境影响。我们可以禁止在学校进行选拔，但在班级里，老师不可能也不愿完全相同地对待因基因差异而不同的孩子们。最后，试图阻止儿童积极寻求与其遗传喜好和能力相关的经验也只能是徒劳的。

这意味着学业成就的高遗传率表明了教育机会基本均等。为了促进机会均等所做出的额外努力应侧重于减少共享的环境影响，尽管共享环境影响最多占学业成就方差的20%。非共享的环境影响是无法掌控的，因为它们没有系统性，我们不知道它们究竟是什么。机会和结果之间的相关性是受基因驱动的。这是另一种DNA塑造我们的方式。

值得重申的是，这项基因研究仅描述了特定时期的特定样本中遗传和环境对学业成就个体差异的混合影响。大多数研究来自20世纪的发达国家，特别是欧洲国家和美国。不同时期不同国家的结果可能并不相同。我们的关注点是机会均等对学业成就个体差异的影响。随着教育机会的扩大，遗传率将会增加。关于这一课题的第一项双胞胎研究发现，在第二次世界大战之后，随着教育机会的增加，挪威的教育程度的遗传率增加，共享的环境影响减少了。随着教育均等机会的增加，一些国家的后续研究也发现第二次世界大战后遗传率增加，共享的环境影响减弱。最近的一些证据表明，21世纪美国可能会出现相反的情况，遗传率下降，共享的环境对教育程度的影响增加，这表明美国教育机会的不均等程度增加。

*

与机会均等相反，精英统治的概念只有在有选择时才有意义，例如，选择孩子进入某些学校。在英国，小学阶段几乎没有选择，因为大多数父母都将孩子送到当地就近的学校。在这种情况下，机会均等意味着不同学校的儿童接受同样良好的教育。

选择在中学阶段变得更加重要。学生们争相进入最好的中学，这就导致了选拔。精英统治的问题在于基于优点进行选择的程度。在以上这类情况下，选择基于学生的能力、之前的成绩和其他对成功的预测因子而做出。

在英国，学生成绩的最大平均差异出现在国家资助的非选择性学校——综合性学校和选择性学校（包括国家资助的文法学校和私立学校）之间。无论是文法学校还是私立学校，选择性学校的孩子的平均GCSE分数都比非选择性学校的孩子高一级。

选择性和非选择性学校之间的平均成绩差异被认为是环境导致的，因为选择性学校被认为可以提供更好的教育。然而，遗传研究表明，这种差异并不能归功于选择性学校更好的教育。顾名思义，选择性学校更倾向于根据学生之前的成绩和能力进行选拔，较少关注家庭财富因素，从而选拔了最具竞争力的优秀学生。例如，在顶尖中学，学生接受了数年的面试和测试后才会被录取。此外，家长和学生也是基于相同的因素而选择最好的中学。也就是说，如果学生在小学的学业成绩测试中表现不佳，他们就不太会立志进入非常好的中学。

因此，选择性学校的学生比非选择性学校的学生表现更好也就不足为奇了。选择性学校依据学业成绩选择的学生具有更高的GCSE成绩，这就像是一种肯定可以实现的预言。当我们控制用于选择学生的因素时，GCSE分数的平均差异就可以忽略不计，并且学校类型所能解释的整体GCSE方差缩小到不足1%。换句话说，一旦我们考虑到这些学校预先选择了成功机会较高的学生，就会发现选择性学校本身并不能提高学生的成绩。

这是基因–环境相关性的另一个例子，学生选择学校并且被学校选择，一定程度上是基于学生之前的学业成绩和能力，这是高度可遗传的。这解释了原本看似奇怪的结果，我们将在后面讨论选择性和非选择性学校的学生的DNA有何不同。由于用于选择学生的特征是高度可遗传的，依据这些特征选择学生意味着无意之中挑选了学生的基因。

如果选择性学校的学生比非选择性学校的学生取得更好的成绩是由于选择性学校所带来的附加值，这就意味着教育机会的不均等。但是，由于在控制选择因素后学业成绩的差异消失了，我们可以得出结论：选择是精英统治性的。出于同样的原因，选择性和非选择性学校的GCSE成绩差异并不是衡量学校提供的教育质量的指标。2017年英格兰尝试实施了一种更公平的比较方式，在孩子们中学毕业时利用他们在11岁小学毕业时取得的成绩来校正GCSE分数。这项创新的指标被学校作为附加价值的卖点，并称为“进步指数”。然而，我们发现这种进步的衡量标准仍然是基本可遗传的（40%），这意味着它不是单纯衡量学生进步或学校附加值的指数。这种进步的衡量指标为何是可遗传的呢？答案是，用11岁时的学业成绩来校正，并不能校正其他对GCSE考试表现有影响的遗传因素，如智力、性格和心理健康。

尽管学校对学业成绩的个体差异几乎没有影响，但一些家长仍决定花费巨资将孩子送到私立学校，以便给予孩子这些学校所能提供的任何微小优势。即使是国家资助的选择性文法学校，一些能够负担得起的父母也会支付额外费用，以便将房子搬到更好的学区。我希望能帮助那些无力支付私立学校费用或搬到好学区的家长了解，这样做对孩子的学业成绩并没有多大影响。昂贵的学校教育支出，在学业成绩的成本效益分析上并不划算。

文法学校和私立学校在其他方面可能会有好处，例如更好的大学升学前景，建立人际关系以便今后更好地就业，以及让学生更有信心和领导能力。例如，虽然英国只有7%的学生上私立学校，但是他们的校友在众多顶级职业中占据主导地位，包括超过1/3的国会议员、超过1/2的高级医疗顾问，超过2/3的高级法院法官和许多顶级职业记者。

但这些优势仅仅是因为在最初选拔了优秀的学生而自我实现的预言的另一个例子吗？对于选择性和非选择性中学GCSE分数不同的情况，我们已经看到在控制选择时使用的条件后差异就会消失。我们发现大学录取也有类似的结果。也就是说，来自选择性中学的学生更有可能被最好的大学所录取，但在控制前期选择的因素后，这种优势就基本上消失了。换句话说，这些学生即使没有进入选择性中学，也可能被最好的大学录取。事实上，最好的大学选拔标准的变化实际上更有利于在综合性中学取得好成绩的学生。

选择性学校的其他潜在优势，例如职业地位、收入和个人特点，似乎同样是能够自我实现的预言，而不是选择性学校的附加值。最后应该强调的是，如果所有的中学都同样好，最开始就没有必要选拔学生。如果没有选拔，对学生和他们的父母来说压力也会减少很多。此外，就近在同社区学校读书也能够促进社会融合和社区意识。

*

我们将教育作为机会、能力和结果之间联系的一个例子，但同样的问题也适用于职业地位和收入。只要获得地位高的工作并赚更多的钱是优先被考虑的事情，就必然会有选择，从而引发选择标准的问题。就像国会议员、医疗顾问和高级法院法官更多地出自私立学校，职业地位和收入的选择根据是优势还是能力?

职业地位和收入基本上都是可遗传的，在发达国家的10多项双胞胎研究中两者的遗传率都约为40%。这不足为奇，因为职业地位和收入与教育程度和智力有关，它们都是可遗传的特征。类似于我们为教育所做的论证，遗传率是职业地位和收入的精英统治的选择指标，因此我们可以基于高遗传率得出结论，选择是相当具有精英统治性的。与教育不同，共享的环境对职业地位的影响可以忽略不计，这意味着环境影响是随机的，大多数对职业地位和收入的系统性影响可归因于遗传。

任何对求职者进行过面试的人都知道选择的复杂性和反复无常。首先，你只能从申请该职位的人中进行选择。此外，面试是众所周知的对未来表现的糟糕预测。这些以及许多其他非系统性因素（包括机会）都会导致职业地位和收入的个体差异。这些因素不是精英统治的，但它们并不代表系统性的偏见。

后天因素的先天性也与职业有关。看似是系统性的环境影响，其实是遗传效应的反映。一个重要的例子是父母与其后代在职业地位和收入方面的相似性。正如之前在教育领域所研究的那样，父母与子女在职业地位和收入方面的相似之处不能被认为是由父母传给孩子的环境优势所导致的。这种相关性主要是由遗传导致的，这表明选择的系统性影响（包括自我选择）基本上是精英统治的。如前所述的私立学校在职业成功率方面的表面效应可能也是如此。

我认为，任何能够提高职业地位和收入的遗传率的事情都会使选拔过程更加精英化。没有共享的环境影响意味着整个人群中几乎没有系统性的环境不公平现象，这意味着能做出改变的环境杠杆并不在我们的掌握之中。作为不公平现象的缩影，继承的财富可以通过对财富而不是收入来征税进行改变。然而，继承的财富与职业地位或收入关系并不大，至少目前收入是由税务机关确定的。因此，针对继承的财富有所举措并不会对职业地位或收入本身产生太大的影响。有一点可以产生影响，那就是使选择过程更有效地预测未来表现，因为这会减少对职业地位和收入的非系统性影响。DNA革命将通过引入迄今为止最系统和客观的对未来表现的预测因子来改变选择的过程，这个预测因子就是可遗传的DNA差异。

*

起初，我们认为如果给予自由，遗传将限制社会流动性并将社会固化为遗传种姓，就像在印度所发生的那样，几千年以来婚配仅限于同一阶级的成员。我认为基于两个原因，这在现代社会中并不是问题。第一个原因很简单：我们之间的许多环境差异并不是系统性的，而随机效应不会产生稳定的阶级。

第二个原因是父母和后代在遗传上只有50%的相似性。他们的遗传相似性意味着，平均而言聪明的父母会有聪明的孩子。但是，他们也有50%的遗传差异，意味着高智商父母的孩子也会表现出能力方面的较大差异，包括会有一些能力低于平均水平的孩子。如果你随机选择一对个体，他们的平均智商分数差异将是17分。直系亲属（父母及其后代或者是兄弟姐妹之间）的智商平均相差13分。这就导致可以有足够的数值空间产生差异。

此外，平均来说高智商父母的孩子的智商分数会低于父母，原因和身高较高的父母所生的孩子高于平均身高但低于他们的父母一样。

出于同样的原因，大多数神童并没有天才的父母。这是一种统计现象，而不是特定的遗传过程。也就是说，如果个体差异是由被归为共享环境的系统性环境因素所导致的，就会出现同样的现象。然而，个体差异的系统性来源是遗传，而不是共享的环境。正是遗传因素导致了我们对阶级和种姓的担忧。

如果孩子与他们的高智商父母在基因上无关，就像领养的孩子与其养父母的情况那样，那么作为整个人群的代表，其平均智商预期会是100。由于孩子与父母在遗传上有50%的相似性，因此遗传预测孩子的平均智商将位于父母的智商水平与人群平均水平差异的中间。例如，平均智商为130的父母预计会有平均智商为115的孩子，位于父母智商130与人群平均值100的中间。在遗传这个大“抽奖池”中对DNA差异重新洗牌，可以防止僵化的遗传种姓系统继续演变。

这个论点的另一面是，具有平均能力水平的父母也将会有能力差异幅度较大的孩子，包括高能力水平的孩子。具有平均能力水平的父母数量要比能力强的父母多很多，这就保证了下一代中能力最高的大多数人将会来自具有平均能力的父母，而不是最有能力的父母。只要向下和向上的社会流动性存在，我们就不必担心遗传会导致严格的阶级种姓制度。

尽管人与人之间的大部分系统性差异都来源于遗传，但这并不意味着我们要相信宿命并接受现状。原因在于，我们之前强调过，遗传描述了“是什么”，却不能预测“可能是什么”。你完全可以击败遗传概率。但是，认识到DNA很重要并且认识到我们的子女之间以及孩子与我们之间的遗传差异，这些并不是宿命论。在这里，我似乎只能建议你尽量试着遵循遗传的规律，而不是去挑战它。

避免宿命论的第二种方法是推翻导致精英统治和社会流动性之间争论的价值体系。这个价值体系认为教育的目的是取得更好的考试成绩，从而获得更好的职业，进而得到更高的地位并赚更多的钱。而另一种看待教育的方式是：它是让我们学习基本技能，学会如何学习以及享受学习的一段时间。这占据了孩子们一生中10多年的光阴，他们可以发现自己喜欢做什么以及擅长做什么，从中找到遗传自我（可能他们最终不会选择接受高等教育）。每个人都应该有机会在学校学习，但不是每个人都会选择（或能够负担得起）继续上大学。

同样地，对于无法避免的职业选择，如果我们只崇尚地位高的职业，那么我们中的绝大多数人最终会感到沮丧。社会需要有责任的工人、护士、水管工、门卫、警察、机械工和公务员。我对我的孩子最大的期盼是他们开心快乐，成为好人。如果他们恰好喜欢自己所做的事情，这将是一个非常棒的惊喜。

自我选择是人们可以自由选择谋生方式的重要因素。自我选择包括了聆听遗传对我们的低语，它不仅关乎智力，还关乎性格和兴趣。这些包括选择一个仅够支付账单的低收入工作，而不是高收入、高压力的职业；或者选择一个愉悦的假期却可能无法支付账单。除了赚所需的钱之外，让金钱定义人生的成功并不能实现幸福、愉悦或善良。在一个公正的社会里，那些只需要较少优势就能胜任的工作仍然会得到金钱回报，以便提供合理的生活标准。

我们还可以在更具政治性的层面上否定基于金钱的价值体系。关于不平等和社会流动性的大部分担忧都与收入不平等相关。与其他一切一样，收入的个体差异基本上是具有可遗传性的，遗传率约占40%。收入与智力相关，而遗传推动了这种相关性。但这并不意味着更高的智力可以带来更多的收入。我认为基因财富已经是它自己最好的回报。如果社会真的想要减少收入不平等，它可以立即采用直接的税收制度来重新分配财富。

我的价值体系认为，我们需要用公正的社会取代精英统治。尽管不会形成严格的遗传种姓，但社会流动会造成遗传不平等，从而导致固有的机会不平等。也就是说，具有好的遗传基因的孩子在学校的成绩可能更好，也更可能获得好的工作和赚更多的钱。这种结果的不平等不会通过教育系统间接解决。如上所述，如果所有的孩子都接受完全相同的教育，他们的遗传差异仍然会导致他们的成就不同，而这将导致职业结果的差异。同样地，经济上的不平等可以通过使用一种减少贫富差距的再分配税制来直接解决。

我认为人们更关心的是公平和公正的社会，而不是经济不平等本身。过去30年里，美国国民收入增长的60%都进了收入最高的1%的国民的腰包，这看上去是不公平的。这主要是由于处于薪酬水平最顶端的那部分工资飙升。但是，我认为比这收入最高的1%的相对不平等更重要的是底层1/3人群的绝对不平等——他们的债务甚至超过其资产。

机会均等、收入不平等和社会流动性是当今最关键的社会问题。它们是非常复杂的问题，十分依赖于社会价值观。我的目标是通过遗传学的单一视角来研究这些问题，以展示DNA如何塑造了我们。但是，没有任何特殊的政策是基于遗传学的研究制定的，因为政策取决于价值观。是我的价值观而不是我的科学，指引我从精英统治走向一个公正的社会。

DNA革命将使所有这些遗传影响更加个性化，因为我们将能够预测个体的遗传风险和恢复力，以及优势和劣势。这本书的第二部分探讨了DNA革命及其对个人、心理学和社会的影响。

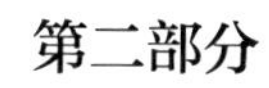

第二部分

DNA革命

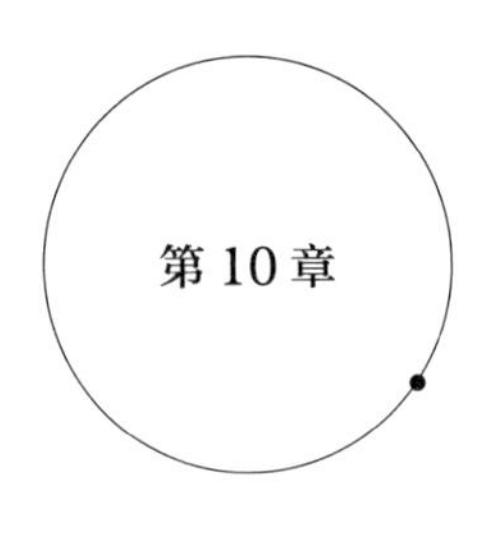

生命蓝图的入门课

为了理解DNA革命的重要性以及DNA如何塑造了我们，了解一些关于我们的“生命蓝图”的基本知识很重要。因此，如果本章偶尔看起来像是生物课，我很抱歉，但它只是描述了阅读DNA相关内容时所需要的基本要素——特别是在理解能够影响到心理学的DNA革命时所需的基本知识。最重要的那件事情是，DNA由严格遵循化学定律的分子所组成。这些分子在万亿个细胞中都是相同的，它们以惊人的复杂性产生了生命。

格雷戈尔·孟德尔于1866年展示了遗传的运作方式。孟德尔在其现位于捷克共和国的修道院的花园里，花费多年为成千上万的豌豆进行杂交。他针对不同的性状进行了多项实验，例如种子是否具有光滑或褶皱的表皮这一特征。孟德尔得出结论：每个个体的每个性状都有两个遗传“元素”，后代从每个亲本那里接受这两个元素中的一个。

到了20世纪50年代，这些“元素”的含义依然是一个谜。1953年，詹姆斯·沃森和弗朗西斯·克里克描述了著名的DNA双螺旋结构，它完美地填补了孟德尔对于这些“元素”描述的空白。双螺旋由两条彼此盘绕的链组成（如图10–1所示）。

DNA就像一个绳梯，两根绳子由弱而易断的梯级固定在一起。双螺旋形状来自绳梯的扭曲。绳梯的两股由相互作用较弱的梯级结合在一起，梯级则由被称为核苷酸的4种分子之间的化学键组成，这4种分子是：A（腺嘌呤），C（胞嘧啶），G（鸟嘌呤）和T（胸腺嘧啶）。双螺旋的主链由交替排列的糖和磷酸分子组成。这种糖和磷酸骨架以及核苷酸“梯级”造就了DNA的名称：脱氧核糖核酸。

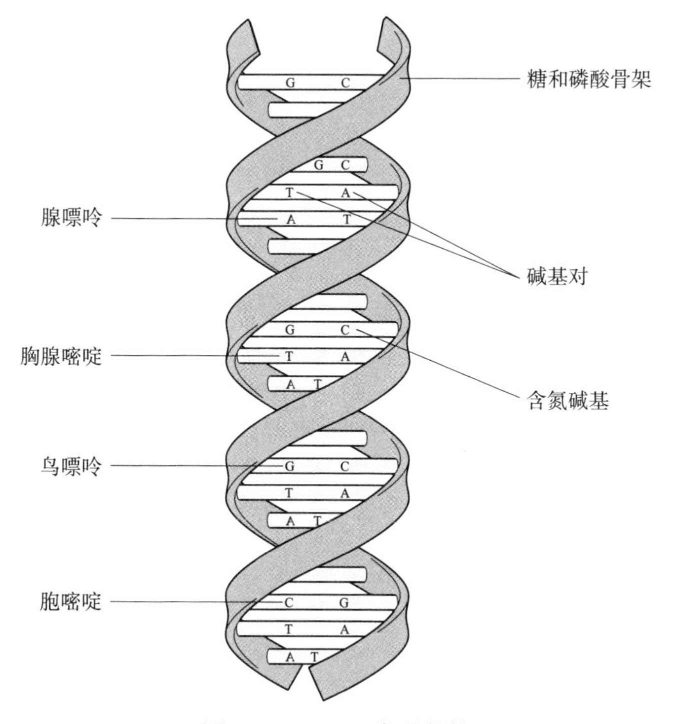

图10–1 DNA双螺旋结构

在一篇仅有两页但仍然是生物学史上最重要的论文中，沃森和克里克写道，“单链上的碱基序列似乎不受限制”。换句话说，单看绳梯的一条链，你可以看到A，C，G和T组成的任何序列，这表明遗传密码可能位于每条链的A，C，G和T的核苷酸序列中。

1961年，弗朗西斯·克里克和悉尼·布伦纳开始破解遗传密码，指出遗传密码是由“绳梯”上的三个“梯级”（例如，A-A-A，C-A-G或G-T-T）组成的序列，这就像一个由三个字母组成的单词。从四个字母（A，C，G，T）中随机挑选三个任意排列将会产生64种可能的组合。在接下来的几年里，DNA的字典中所有64个单词的含义逐渐被解析。例如，A-A-A是一个单词，C-A-G是另一个单词，而G-T-T又是一个单词。这些单词各自编码了20种氨基酸中的一种。虽然氨基酸有数百种，但只有20种是由我们的DNA从头开始生成的。例如，A-A-A代表苯丙氨酸，C-A-G代表缬氨酸，G-T-T代表谷氨酰胺。有一些三个字母组成的单词代码用于编码相同的氨基酸，另一些则用作标点符号，例如提供起始和终止信号。最终，就这样用完了DNA字典中的所有64个单词。

为什么选择氨基酸呢？氨基酸是蛋白质的基本组成成分，是我们所有人的组成成分。蛋白质对我们身体的结构、功能和调控都至关重要。例如，蛋白质对我们的神经元和神经递质至关重要，而这二者是决定我们的大脑及心理的基本要素。蛋白质含有由20种氨基酸组成的独特序列，长度为50~2 000个氨基酸。在如此长的序列中，20种氨基酸可以按照任意顺序排列，这就保证了蛋白质种类的多样性。平均而言，我们的每个细胞都能合成2 000种不同的蛋白质。

双螺旋链通过核苷酸A，C，G，T之间的弱化学键相连。这4种分子只会产生4种类型的梯级，而不是所有12种可能的梯级。原因是A仅与T结合，G仅与C结合。因此，DNA绳梯中只有4种类型的梯级：A-T，T-A，C-G和G-C，如图10–1中的DNA双螺旋结构所示。

这种DNA编码氨基酸的模型就是“基因”这个词的经典含义。然而，我们现在知道DNA的功能要比编码氨基酸序列多得多。只有2%的人类DNA序列起编码氨基酸的作用。也就是说，人类基因组只有20 000个经典意义上的“基因”。其他98%的DNA起初被认为是垃圾序列，但现在我们已经知道它们其实具有重要的功能，我将在后面进行描述。

沃森和克里克有所保留地陈述：“我们注意到我们所假设的碱基间的配对关系即刻暗示了遗传物质可能的复制机制。”他们的意思是，如果双螺旋的两条链被解开，每条链由A，T，C，G组成的核苷酸碱基序列将寻找与其互补配对的碱基序列（A与T，T与A，C与G，G与C配对）。这将会产生两个序列相同的DNA双螺旋。那么这两个细胞将会产生4个细胞，8个细胞，然后是16个细胞，依此类推。它巧妙地提供了一种机制，用于解释我们的生命如何从单细胞开始，直至产生50万亿个细胞，并且每个细胞都具有相同的DNA。

我们的DNA双螺旋中有30亿个梯级，被称为基因组。但基因组不是一架有30亿个梯级的连续绳梯。它被分成了23段染色体，每段长度从5 000万到2.5亿个梯级不等。

我们实际上有60亿个核苷酸碱基，因为我们的DNA蓝图由两个基因组所组成，一个来自我们的母亲，另一个来自我们的父亲，正如孟德尔从他的豌豆实验中推断的那样。因此，我们有23对染色体，每对染色体中有一条来自母亲的卵子，另一条来自父亲的精子。卵子和精子是仅有的染色体不成对的细胞，因此当卵子和精子结合时，它们会产生一个具有全套配对染色体的细胞。这个单细胞分裂产生两个细胞，它们各自一次又一次地分裂，生成我们体内的数万亿个细胞，每个细胞都具有相同的DNA序列。

关于这23条染色体，你会从母亲的一对染色体中接收到哪一条是随机的，对父亲的染色体来说也是如此。因此就每对染色体而言，你的兄弟姐妹有50%的机会获得与你相同的染色体，这就是为什么兄弟姐妹平均而言有50%的遗传相似性的原因。唯一的例外是同卵双胞胎，他/她们的染色体完全相同，因为他/她们来自同一个受精卵。这就是为什么兄弟姐妹在心理特征方面相似但也不同，以及为什么同卵双胞胎比其他兄弟姐妹更相似。

对你我来说，DNA序列的30亿个梯级中约有99%是相同的。这些DNA使我们之间具有相似性，但这也意味着我们之间有3 000万个梯级不同。正如我们所看到的那样，这些DNA序列的差异是塑造我们的蓝图。

当新细胞生成时，双螺旋结构解旋，绳梯的每条链寻求与其互补配对的碱基序列。这种复制过程非常可靠，但是依然会有错误发生（也就是突变），就像遗传密码中的拼写错误一样。当卵子或精子发生突变时，它会将突变传递给后代，后代再将其传递给其子女。

DNA序列可以产生各种差异，其中最常见的是人们彼此之间单个梯级的不同。DNA双螺旋的30亿个梯级的变化之一被称为**单核苷酸多态性**（SNP）。你和我有大约400万个SNP，但这其中的许多SNP仅存在于少数人身上，这意味着我们不会有相同的400万个SNP。世界上可能一共存在多达8 000万个SNP。任何特定人群（例如英国人）

拥有大约1 000万个SNP。本书的其余部分侧重于SNP，因为它们在DNA革命中发挥了核心作用。

我们遗传到的只是我们生命开始时的单细胞中的DNA序列，拥有其独特的DNA差异组合。尽管所有细胞都具有相同的DNA，但细胞仅表达所有DNA的一小部分。不同类型的细胞（例如，脑、血、皮肤、肝脏和骨细胞）会表达DNA的不同部分。DNA序列会转录为被称为RNA的信使分子。随后，RNA根据遗传密码被翻译成氨基酸序列。这一过程用术语来描述就是**基因表达**。

许多机制会影响基因表达。有些是长期机制（表观遗传），涉及向DNA添加阻止其转录的分子；其他机制具有短期效应，例如，与DNA具有相互作用的蛋白质通过响应环境变化进而调控转录。当你阅读这句话的时候，你正在改变大脑中编码神经递质的许多基因的表达。由于阅读相关的神经过程消耗了这些神经递质，你可以使编码这些神经递质的基因表达，从而补充它们。

如果两个个体的DNA序列不同，例如编码特定神经递质的SNP不同，那么当该DNA片段表达时，SNP将被忠实地转录。这两个个体的DNA差异将可能被转变为不同的氨基酸序列。氨基酸序列的不同可能会改变神经递质的功能。这里的关键在于，我们遗传到的所有信息就是DNA序列。基因表达不会改变我们遗传得来的DNA序列。如果某个SNP与心理特征相关，就表示这个SNP被表达了。

让我们一起聚焦于人类基因组中1 000万个SNP中的一个。原因稍后会解释，现在我们先来关注位于16号染色体中间的一个SNP。16号染色体的双螺旋结构中有9 000万个梯级，该SNP的梯级编号为53 767 042。这个位点可能是A、C、T或G，但它碰巧是T，直到很久以前某个人产生了突变，T变为A。具有这种突变的人将这个新的A核苷酸位点传递给其一半的后代，然后其后代将这个突变传递给他们的部分后代。经过几代人，新的A核苷酸位点在人群中扩散。或许因为它在进化上具有一些微小的优势，它出现的频率增加了，正如我们将要看到的这种特定的突变的情况那样。更常见的情况是，其实该突变本身并没有任何影响，它的频率增加只是按照孟德尔的遗传法则代代相传扩散开来。今天，有40%的16号染色体的这个位点为A，另外60%为原始的T。这些替代形式的DNA序列被称为等位基因。

因为我们从父亲和母亲那里各自继承了一对染色体中的一条，所以我们分别继承了来自父亲和母亲的等位基因。这对等位基因被称为我们的基因型。对于16号染色体上的SNP来说，我们可以从母亲那里遗传A等位基因或T等位基因，也可以从我们的父亲那里遗传A或T。如果我们从父母双方都遗传了A等位基因，我们的基因型就是AA。如果我们从父母中的一方遗传了A而从另一方遗传了T，我们的基因型就是AT。第三种可能性则会导致TT基因型。对于16号染色体上的这个位点，我们之中有15%的人是AA，50%是AT，35%是TT。基因型就是同时考虑两个等位基因在个体中的组合形式。如果你计算这些等位基因在基因型中的频率，你会得到A的频率为40%，T的频率为60%。

关注这一特定SNP的原因在于它是首先被发现的与复杂性状相关的SNP之一，具体到这个例子中是和体重相关。每个A等位基因与体重增加3磅相关。AT基因型成年人平均比TT基因型人群重3磅，而AA基因型人群又比AT基因型人群重3磅。我们可以基于每个人具有的A等位基因的数量给他们一个分值，将这些基因型与体重相关联：TT基因型为0，AT基因型为1，AA基因型为2。欧洲人口中的这种相关系数为0.09，占人与人之间不到1%的体重差异。体重的遗传率为70%，因此这个SNP的相关性只解释了体重遗传率的一小部分。

这个SNP是如何行使功能的呢？它位于一种被称为“脂肪重量及肥胖相关蛋白”的基因中，这种基因名称的首字母缩略词为FTO。FTO基因编码一种被称为酶的蛋白质，酶可以加速化学反应。FTO酶影响基因表达，也就是将DNA转录成RNA的基本过程。FTO基因包含了16号染色体上9 000万个梯级中的50万个A，C，T，G梯级。我们的目标SNP大概位于16号染色体的50万个FTO梯级区段上约10万个梯级处。

突变可能会改变DNA中三个字母的含义。例如，如前所述，三字母序列C-A-G编码缬氨酸。如果C被改为G，则三字母代码将是G-A-G，那么它将会编码亮氨酸而不是缬氨酸。改变形成蛋白质的氨基酸链中数百个氨基酸中的一个，就有可能显著地改变蛋白质的功能。有数千种疾病由遗传密码突变引起的蛋白质的氨基酸序列改变造成。许多此类突变甚至是致命的。

最近，我们已经实现了纠正DNA突变的可能性。一项被称为“CRISPR”的基因编辑技术可以高效且精确地切割和替换DNA突变。CRISPR促成了许多研究进展，有助于我们理解基因如何行使功能。它最令人兴奋但具有争议的特点是可用于纠正胚胎中的DNA突变，并且其后代也可能将不再含有该突变。以这种方式永久改变人类基因组可能会产生意想不到的后果，这种伦理方面的担忧让CRISPR技术在生殖细胞中的使用被限制。研究人员正在尝试使用CRISPR来治疗不会在代系间传递的体细胞中的几种单基因疾病，包括肌营养不良、囊性纤维化和某些血液疾病。问题在于，与改变仅有少数细胞的胚胎，或者是精子或卵子这种单细胞的DNA不同，DNA需要在血液、肌肉或肺部的许多细胞中被编辑才能实现治疗效果。相比之下，遗传对心理特征的影响并不是由一个固有的单基因突变造成的。遗传率是数千个具有微小效应的基因加权的结果。基于这个原因，基因编辑技术似乎不太可能用于改变心理特征涉及的基因。

事实上，我们讨论的SNP位于FTO基因的一段不编码蛋白质的DNA中。实际上，基因组中只有不到2%的DNA序列编码蛋白质，这些就是前面所提到的那2万个经典基因。大多数突变都发生在另外98%的DNA中，这些曾被称为“垃圾DNA”的DNA序列不会转变为氨基酸序列，因此它们的突变不会造成氨基酸序列的变化。即使是在像FTO这样的基因中，大多数DNA序列也不编码蛋白质。在RNA被翻译成蛋白质之前，这些非编码的基因片段（内含子）被从RNA序列中剪掉。剩余的RNA区段（外显子）被剪接在一起，进而继续翻译成氨基酸序列。

我们仍在研究DNA序列中这些非编码片段的突变是通过哪些方式最终导致差异的。我们所知道的是，它们确实会产生影响。一些研究表明，多达80%的非编码DNA是有功能的，因为它们会调控其他基因的转录。这种区分很重要，因为大多数与心理特征相关联的SNP都涉及DNA的非编码区，而不是传统意义上的基因区段。

对于FTO这个SNP如何影响体重，具有普遍性的答案与数千个类似的生物医学特征相关的SNP的答案相同：它是很复杂的。这不是巧舌如簧地逃避问题，而是关于DNA突变如何影响复杂心理特征的重要发现。自然选择并不是为了让科学家的工作变得简单而修改基因组。与体重相关的FTO的SNP并非以直接的方式影响某些单一的代谢过程。基因和复杂性状之间的关联途径难以追踪，因为每个SNP都具有许多不同的效应（多效性），并且如前所述，每个性状又受到许多SNP的影响（多基因性）。这两个原则是理解心理学中DNA革命的关键。正如我们将要看到的那样，多效性和多基因性意味着许多具有微小效应的DNA差异可能会影响心理特征。

DNA如何影响行为这个问题可以在许多层面上得到研究，例如生物化学、生理学、神经病理学和心理学层面。生物学家喜欢在生物化学层面找到问题的答案，以便将像FTO的SNP这样的认识转化为减肥药。FTO的SNP关联改变脂肪细胞中几种基因的表达，从而影响细胞储存的脂肪量。对于具有AA基因型的人来说，这些基因的表达更容易被启动，从而让脂肪细胞去储存脂肪。如果我们能够弄清楚AA基因型是如何做到这一点的，它可能会提示我们如何抑制这一过程从而减轻体重，尽管人们总是担心改变具有高度多基因性和多效性的系统可能会带来的意外后果，因为它们原本体现着进化产生的对机体自身的检查和稳态维持。

A等位基因在整个人群中散播，可能是因为这种突变在我们这个物种的进化早期是有利的。具有A等位基因的个体会储存额外的脂肪，可以帮助他们即使未来几天都吃不上饭也能免于饿死。而如今我们所面临的问题是，我们在这个快餐的世界中可以轻而易举地获取到高能量食物，却仍拥有石器时代的大脑。今天，我们不再需要A等位基因来帮助我们储存额外的脂肪，A等位基因现在是一种负担。

与生物学家自下而上的研究方法相反，心理学家采用自上而下的方法，试图在行为层面而不是生物化学层面找到问题的答案。在FTO与体重相关的SNP关联这个例子中，我们发现A等位基因增强了我们对食物诱惑的响应，并且降低了我们进食后的饱腹感和满足程度。心理学家很希望能够找到行为上的解释，因为这些解释可以带来低技术门槛、低成本的行为干预。例如，发现SNP影响饱腹感的结果说明饱腹感相关的行为干预可以有效减肥。也就是说，我们可以学会更多地关注和感受饱腹感，从而抵消A等位基因的影响，特别是对于具有AA基因型的人来说。

在过去10年中发现SNP与复杂性状之间的关联，例如FTO的SNP与体重之间的关联，标志着DNA革命的开始。

*

我们是如何对SNP进行基因分型的呢？这个过程分为三个步骤：获取细胞，从细胞中提取DNA，对DNA进行基因分型。截至目前，我们已经可以对单个SNP进行基因分型，例如对FTO 的SNP进行分型。我们的基因组中有数百万个SNP。如果对一个个体基因组中的所有SNP逐一进行基因分型，将会花费数百万英镑。

我们每个人都有两个基因组，父母各提供一个。我们的基因组中有60亿个核苷酸碱基。如果我们能够知道许多个体的这60亿个碱基的序列，就可以识别出所有会对心理特征产生影响的可遗传的DNA差异——不仅仅是SNP。这一想法正在被实践，它被称为全基因组测序。全基因组测序不是“仅仅”对数百万个SNP进行基因分型，而是测算出所有60亿个核苷酸碱基的序列。如前所述，DNA序列的30

亿个梯级中有99%对你我来说是相同的。但这也意味着我们之间有3 000万个梯级是不同的。请记住，我们对这些具有差异的DNA感兴趣，因为正是这些差异使我们与众不同。全基因组测序可以识别出所有这些DNA差异。基因组序列就是故事的终结，因为它就是我们所继承到的所有信息。

第一个人类基因组测序于2004年完成，基于数百名科学家10余年的工作，耗资超过20亿英镑。在今天，拥有60亿个核苷酸碱基的人类基因组可以在一天内完成测序，价格低于1 000英镑。

然而，DNA革命大约在10年前开始，基于建立在我们了解了整个基因组序列之上的另一项技术进步而实现。观察许多个体的全基因组序列揭示了数百万个DNA差异，其中包括SNP。SNP**微阵列**的开发使得我们可以直接关注对SNP进行基因分型，而不是费力又昂贵地对整个基因组进行测序。

SNP微阵列通常被称为SNP芯片，因为它们类似于计算机核心的硅芯片。SNP芯片使用传统方式对SNP进行基因分型。但是，不是一次一个地对SNP进行基因分型，而是在一张邮票大小的芯片上，同时为整个基因组中DNA序列里数十万个探针位点进行分型。

作为在基因组水平筛选SNP关联的第一步，我们不必对整个基因型中数百万个SNP中的每一个进行基因分型。许多SNP在染色体上非常接近，因此也会被打包一起遗传。换句话说，如果你知道个体中的一个SNP的基因型，你就知道了其他一些SNP的基因型。基于这个原因，SNP芯片选择了几十万个SNP进行基因分型，从而可以捕获基因组中大多数常见SNP的信息。常见SNP是指人群中等位基因频率大于1%的SNP。例如，对与体重有关的FTO基因的 SNP来说，

A等位基因的频率为40%，T等位基因的频率为60%。事实上，SNP芯片只对常见等位基因进行基因分型，这在故事的后期会变得非常重要。

SNP芯片现在很便宜，价格低于50英镑，已被用于为数百万人提供基因组中数十万个SNP的基因分型。在SNP芯片问世之前，寻找与心理特征相关的DNA差异的尝试仅限于一些被认为对某个特定性状很重要的“候选基因”中，要对SNP费力地进行基因分型。正如我们将在下一章中看到的那样，这种使用候选基因的方法效果并不好，而且会导致许多无法重复的假阳性结果出现。

SNP芯片使得我们可以扫描整个基因组，以识别与复杂性状和常见疾病相关的SNP，而不仅仅是查看一些候选基因。这种系统性的方法被称为**全基因组关联**（GWA）。全基因组关联研究开启了DNA革命，为我们提供了第一个有效工具，用以寻找导致心理特征可遗传性的基因。我们将在下一章进行讨论。

本章的目标是提供理解DNA的基本知识，特别是与心理学中的DNA革命有关的知识。这包括DNA的双螺旋结构和功能、遗传密码、遗传密码中的突变、被称为SNP的特定类型的突变、基因表达、SNP的基因分型，以及SNP芯片。这些都是DNA革命的组成部分。

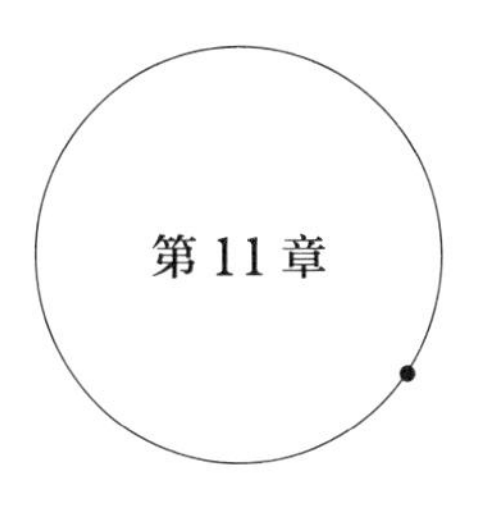

第11章

寻找心理特征的DNA预测因子

行为遗传学第一定律：所有的心理特征都显示出显著的和实质性的遗传影响。遗传率意味着遗传到的DNA序列的差异导致了我们彼此之间的差异。本章讲述了寻找这些DNA差异的过程，SNP芯片首次将其变为可能。没有什么比发现这些DNA差异更能促进心理特征的遗传研究，因为它使得我们可以直接通过DNA预测个体的心理特征。从DNA差异进行预测，将对心理学、社会和我们每一个人都产生巨大的影响，这将在本书的其余部分展示出来。

寻找能够导致心理特征普遍遗传性的基因，这种尝试起始于大约25年前。在经历了几次失败的尝试之后，过去两年中这方面研究取得了重大突破。为了能够使读者更好地感受这些标志着DNA革命曙光的突破，我们选择性地介绍了与我研究的认知能力和障碍有关的探索故事。20多年来，尽管存在着新的技术突破，但寻找导致这些特征具有遗传性的DNA差异一直徒劳无功。我几乎要放弃了，不过最终我们得到了答案，却震惊地发现这个答案并不是我们原本所设想的。

在25年前当我们开始寻找时，所有人都认为找到的将是少数几个会对遗传性影响很大的基因。例如，10个各自贡献5%方差的基因就可以达成约50%的遗传率。如果效应这么明显，仅需要200例样本就足以检测到这些基因了。

这是多么一厢情愿的想法，因为在当时（SNP芯片出现之前），我们一次只能对每个个体的一个SNP进行基因分型。每次只对一个SNP进行基因分型非常缓慢且昂贵。因此，我们最终只对几百个个体中几个候选基因里的少数SNP进行了基因分型。就心理特征而言，最可能的候选基因就是那些影响脑部神经递质的基因。在过去20年中，数百个与大脑相关的基因一直是心理特征候选基因研究的焦点。寻找能够预测心理特征的基因的热度正在消退，因为所有这些被报道的关联都无法重复。这场惨败就是我们早先描述的遗传学对科学研究可重复性危机的贡献。（更多相关信息见本书最后的注释。）

世纪之交出现的一种新方法，缓解了起始阶段的错误所带来的痛苦。也就在同一时期，人们意识到候选基因分析方法并不成功。这种新方法就是全基因组关联，它与候选基因分析截然相反。我们的目标是对整个基因组进行系统检测，而不是人为地挑选一些候选基因。要做到这一点，需要对数千个个体中的数万个SNP进行基因分型。虽然当时基因分型成本已经降低，但是对单独个体的一个DNA标记进行基因分型仍然需要花费大约10便士。因此，仅对1 000个个体的1万个DNA标记逐个进行基因分型就将花费近100万英镑和大量的时间。

我没有100万英镑用于这样的研究，但在1998年我决定筛选基因组，通过使用一些技巧来减少所需研究费用和时间，从而对DNA差异逐一进行基因分型，以期找到与智力相关的DNA差异。尽管有些捷径，这项研究还是花费了两年的时间才完成。研究结果发表于2001年，但是非常令人失望，这是又一个错误的开端。虽然我们有能力检测出占智力方差2%的关联，但是没有任何单一关联可以在我们严格设计的重复实验中幸存下来。从表面来看，这些结果表明DNA与智力的关联对方差的贡献不足2%。

但是，不从表面看待这些结果则会令人欣慰一些。我有许多技术理由不相信这个未知领域的研究结果，但不相信它们的最主要原因出于如果这个结果正确将会带来的直接影响。需要花费大量的时间和金钱才能发现如此小规模的效应，即使我们投入了应对这些严峻挑战所需的资源，也无法保证能够获得回报。

在21世纪初期，SNP芯片开始出现，这使得全基因组关联研究变得非常容易且成本更低，因为芯片可以快速且廉价地对每个个体的多个SNP进行基因分型。SNP芯片引发了全基因组关联研究的爆发。

我对这项技术进步感到非常兴奋，立即开始尝试第一代SNP芯片。该芯片仅有1万个SNP，对每个个体的研究需要花费400英镑，比目前可以对数十万个SNP进行基因分型的芯片贵10倍。我使用这些芯片，试图在包括6 000名英国儿童的TEDS样本中找到与智力关联的SNP。同样地，结果非常令人失望。最大的影响只占智力方差的0.2%，并且结果无法被重复出来。我开始认为经过10多年的研究工作，自己的运气已经用完了。这是第三个错误的开始。

正如我之前的研究一样，这些结果试图告诉我们，DNA差异所能产生的最大效应要比我们想象的小得多。这感觉就像是动画片里一名科学家拿着爆炸了的试管问同事："Eureka（我发现了）的反面是什么？"很难相信遗传效应的影响如此之小。再一次，认为我们研究中的某些地方肯定是错误的似乎更容易让人接受。相信这些结果则意味着智力——甚至可能是所有心理特征的遗传性——是由数以千计的DNA差异引起的，每种差异都只有微小的效应。我们其实不是在基因组这个丛林中寻找大型野兽，而是在寻找微生物。这意味着数百甚至数千的样本量是远远不够的，需要的样本量数以万计。

尽管我是一个彻底的乐观主义者，但10年前我对这三个错误的开始，以及它们对未来寻找导致心理特征遗传性的DNA差异的影响感到沮丧。我开始考虑退休并改变我的生活方式。我设想来一次跨大西洋航行之旅，想着我退休时可能想要永久地住在一艘帆船上。在一次穿过北海的热身航行中，有一天晚上我遭遇了一件可怕的事情：我的帆船与一个从货船上松脱开的、刚刚被淹没的集装箱相撞，这个集装箱的尺寸与我们的帆船一样大。我决定还是回去做遗传研究，重新坐到了我的办公桌前。

关于这些错误开端带来的痛苦经历，很多研究者有与我相同的感受，因为许多其他GWA研究也没有得到可重复的结果。大家渐渐开始认同几乎没有任何关联可以产生大的效应。我们的出路是接受需要更大规模的GWA研究，才能够找到导致遗传性的许多微小的DNA差异这一现实。至少这看起来逐渐较为可行，因为SNP芯片的价格一直在下降。尽管如此，针对需要大量样本才能检测到微小效应的研究，经费只提供给了对重大医学疾病的研究。研究心理特征，尤其是智力等有争议的科学问题，很难获得如此大数目的经费。

这时，一项研究为我们指明了方向。2007年，一项GWA研究发表，报道了针对7种主要疾病的分析，其中每种疾病涉及2 000个病例。这些疾病包括冠状动脉疾病、2型糖尿病和克罗恩病（一种肠道慢性炎症性疾病）。其中仅包括了一种心理疾病——双相障碍，它曾经被称为“躁狂抑郁症”，因为患者存在从躁狂症到抑郁的剧烈情绪波动。

大多数研究人员只有不超过几百个案例的样本。为了达到7种疾病中每种疾病2 000个病例的门槛，研究人员需要汇集他们珍贵的样本，而这些样本通常需要经过几十年的费心收集才能得到。这项研究引领了合作研究的方式，汇集了英国50多个研究小组，共有258位共同作者参与了2007年的论文。所有14 000个病例及其对照组均在具有50万个SNP的新一代SNP芯片上得到了基因分型。

这项富有远见的大型科学研究得到了来自维康信托基金会和其他10多家英国代理机构的1 000万英镑的资金支持，被称为维康信托病例对照联盟。针对这7种疾病，在全基因组水平发现了24个显著的SNP关联，主要是针对2型糖尿病和克罗恩病的。

这项维康信托研究的结论是值得庆祝的，因为它表明即使是对于受许多具有微小效应的DNA差异影响的常见疾病，大样本量的GWA研究也是成功的。能够体现这篇研究论文重要性的一个指标是，它被其他论文引用了超过5 000次。此外，GWA还获得了2007年由《科学》杂志颁发的“年度突破奖”。

尽管维康信托研究项目取得了突破性进展，但令人失望的是基于2 000个病例仅获得了如此少的SNP关联，而且更令人震惊的是这些关联的效应量都非常小。作为一名心理学家，我最失望的是，这7种疾病中唯一的心理疾病——双相障碍，没有显示出可信的SNP关联。

GWA研究所需的大量费用及其低产出导致人们对GWA研究的成本效益比嗤之以鼻，尤其是对于其中关于心理疾病的研究。到了2011年，这种情绪变得异常糟糕，以至于96位最杰出的GWA研究人员认为有必要发表一篇题为《不要放弃GWA研究》的文章。他们得出的结论是，失败是检测微小关联的成功率太低所造成的。足够多的GWA样本正在被收集，有望获得成功。

指引我们怀有希望的灯塔是，有确凿证据表明遗传率显著。这意味着潜伏在基因组中的遗传得来的DNA序列差异可以使心理特征产生很大的差异。那么它们在哪儿？最可能的答案是单个SNP的影响甚至比任何人所预期的都要小。在当时看似足够多的2 000个病例的样本量，只能检测到现在看来大得超出实际的SNP关联。

对于像双相障碍这样患病率为1%的常见疾病，一项涉及2 000个病例的研究只能发现一个SNP关联。该SNP使患病风险从1%增加到1.6%，相对风险增加了60%。要找到使相对风险增加30%的SNP，就需要10 000个病例的样本；使相对风险增加10%的SNP将会需要80 000个样本。这种样本量对于心理障碍的研究来说异常巨大，因为心理障碍研究很少能涵盖100个病例，更不用说数千个病例了。

80 000个病例的新门槛促使更多的研究人员进行合作，因为他们知道，每个研究者手头样本量通常不到1 000个病例，这样不足以达到找到关联所需要的样本规模——现在我们知道这种规模有望达到。在维康信托研究之后的5年中，生物学和医学研究领域有超过1 000项GWA研究被报道。这5年中研究已经取得了巨大进步，从维康信托研究的7个特征中找到的24个重要关联，再到针对超过200个特征找到的超过2 000个SNP关联。又过了5年，2017年全基因组水平显著的SNP关联的数量已达到10 000个。

心理学领域也出现了一项引人注目的合作，被称为精神病基因组学联盟（PGC），现在包括来自40多个国家的800多名研究人员。PGC专注于除阿尔茨海默病之外的主要心理疾病，包括精神分裂症、双相障碍、重度抑郁、孤独症、多动症、药物滥用、进食障碍、抽动秽语综合征、强迫症和创伤后应激障碍。

发现成千上万的心理疾病病例并不像想象中的那样困难，因为不幸的是，这些病症非常常见。例如，精神分裂症的患病率为1%，这意味着仅在英国就有超过50万人患有精神分裂症。PGC已经证明，当涉及GWA研究时，样本量越大结果越好。2014年一项来自PGC的精神分裂症报告包含了30 000个病例，发现了100多个全基因组显著关联。到了2017年，PGC的病例数增加了一倍，基因组关联的数目增加到了155个。

就双相障碍而言，PGC已从维康信托研究中的2 000例增加到了20 000例。全基因组中的显著关联数目从0增加到了30。目前，PGC正在努力收集到50 000个病例。

对于重度抑郁的研究前期进展缓慢，在2万例GWA分析中仅有一个显著关联。2017年，PGC报告了一项针对超过10万个病例的GWA分析，发现了44个显著关联。

对其他心理疾病的GWA研究的样本量及显著的结果，已经开始赶上对精神分裂症、双相障碍和重度抑郁的研究。例如，最近一项针对20 000个多动症病例的GWA研究报道了12个显著关联。PGC的目标是收集到40 000例用于研究多动症、厌食症和孤独症的病例。大多数其他心理疾病，比如酒精依赖和其他物质使用障碍、焦虑症、创伤后应激障碍和强迫症，也是正在进行的GWA研究的目标。

这意味着当对心理疾病的研究达到了成千上万的病例所提供的足够样本量时，GWA的显著关联开始出现。对于心理疾病的GWA研究结果证实了统计分析得出的令人生畏的预测。如果只有10 000个病例，就无法发现显著关联。20 000个病例时开始出现显著关联。当病例数量翻了一番，达到40 000个时，显著关联的数量是之前的4倍。将样本量再次翻倍至80 000例时，显著关联的数目又会大幅增加，因为可以涵盖更多微小的效应。

与维康信托研究的结果一样，PGC的研究结果值得庆祝，也应被谨慎对待。这些结果表明，当样本量足够大时，GWA研究是可以成功的。为精神分裂症找到155个可靠的关联，为双相障碍和重度抑郁分别找到30个和44个显著关联，这是一项了不起的成就。我们第一次可靠地鉴定了一些导致心理特征遗传性的DNA差异。它打开了个人基因组学世界的大门，我们可以利用基因组中的DNA差异来预测我们之间的心理差异。正如我们将要看到的那样，我们进入这个新世界的通行证是汇总许多微小关联的效应，进而预测心理差异或多基因分数的能力。对于精神分裂症，体现于多基因分数的DNA差异现在是我们判断一个人是否会患精神分裂症的最佳预测因子。本书的其余部分有关这些多基因分数及其对心理学和社会的影响。

*

不符合“没有DNA差异能够对心理特征产生很大影响”这一规

则的一个例外是迟发性阿尔茨海默病。虽然阿尔茨海默病通常被认为是一种医学或神经系统疾病而非心理疾病，但其早期症状纯粹是心理上的，尤其是对近期事件的记忆丧失。阿尔茨海默病通常折磨着七八十岁的人。它占所有痴呆病例的一半以上，影响到约10%的人口。最终，有时是在发病15年后，患有阿尔茨海默病的病人卧床不起，其脑神经细胞也存在着大量的问题。

1993年，在GWA研究出现之前10年，一种参与胆固醇转运的基因——载脂蛋白E（ApoE）被发现与阿尔茨海默病密切相关。其中一个名为ApoE4的等位基因在阿尔茨海默病患者中的出现率为40%，而对照组为15%。有两个ApoE4等位基因拷贝将会使得患阿尔茨海默病的风险从10%增加到80%，好在只有1%的人有两个ApoE4等位基因。阿尔茨海默病患者中有一半是没有ApoE4等位基因的，这意味着ApoE4等位基因本身并不会导致阿尔茨海默病。2013年对17 000个阿尔茨海默病病例的GWA分析确定了其他5个SNP关联，这些关联的影响效应量要小得多。这些结果在另一个有8 000个独立样本的研究中得到了重复。

超过100项针对心理障碍的GWA研究已经被报道。尽管它们的样本量很大，但除了阿尔茨海默病之外，这些首次成功的GWA疾病研究中发现的最大效应都比任何人所预期的要小得多，只能将患病风险从1%提高到1.2%。相对风险增加了20%，但绝对增幅仅为0.2%。当SNP的等位基因频率在病例和对照组之间略有不同时（例如，分别为45%和40%），就可以看到这种大样本量的研究的效果。

但如果这些微小的效应是成千上万例GWA研究所能获取的最大效益，那么这意味着大多数效应必然更小。借助80 000个病例，我们可以检测出将致病的相对遗传风险增加10%的SNP。但是如果SNP仅增加1%的相对风险呢？80 000个病例就不够了，我们将需要数百万个病例来检测这种微小的效应。全世界可以找到数百万个患有精神分裂症的患者，但要为这种大型GWA研究找到足够的研究经费是一个挑战。

*

解决这个问题的一种方法是研究维度而不是疾病。维度在GWA研究中可以提供比疾病更多的信息，因为每个人都可以被计算在内，无论他们处于分布中的低、中、高哪个区。与之相反，对疾病的GWA研究寻找被诊断患有该疾病的病例组与未患有该疾病的对照组这两组之间的平均DNA差异。这基于疾病真实存在的假设，但这种假设与遗传研究的一个重大发现相冲突，即异常是正常的。这意味着没有定性的疾病，只有定量的维度。与我们所谓的疾病相关的许多DNA差异影响着整个分布中的人们。基于比较被确诊的病例和对照组的GWA研究将会遗失大量信息，因为许多所谓的对照组在维度上已经非常接近被确诊的病例。这掩盖了病例和对照组之间的差异。

例如，与肥胖相关的SNP并不是用于诊断肥胖的SNP。正如我们在与体重有关的FTO的SNP中看到的那样，它们与整个分布中从瘦到肥胖的体重指数（BMI）相关。换句话说，与BMI相关的这些SNP会使瘦弱的人变得重一点，就像它们也会使超重的人更重一样。我们每个人都有许多对BMI有贡献的SNP等位基因。超重取决于你有多少个这些等位基因。肥胖不是一种定性的疾病，而是一个或多或少的问题。这就是我们所说的，复杂疾病是量化的特征，即使是严重的心理疾病（比如精神分裂症、双相障碍和孤独症）也是如此。基于这个原因，多基因分数将使得心理学从分类诊断转向通过症状的标准化维度评定量表来评估其连续的维度。正如我们将要看到的，这是DNA革命的重要意义之一。

研究维度而不是疾病的另一个巨大优势在于同一样本可被用于研究许多特征，而针对特定疾病选择的样本则仅适用于研究该疾病。许多国家已经建立了样本量达数十万的生物样本库，收集了大量的心理和医疗信息。例如，于2006年开始的、由英国慈善机构和英国政府资助的英国生物银行，包含了50万名志愿者所提供的DNA及其医疗记录，目前已完成包括心理维度在内的许多测量。其他国家也在开展类似项目，例如爱沙尼亚、荷兰和斯堪的纳维亚国家。最近，芬兰宣布已经开始建立一个生物样本库，将从100多万人那里收集DNA。

在过去的两年中，成功的心理维度GWA研究激增。第一项突破针对的是一个不太可能的变量：受教育年限。在发达国家，受教育年限的遗传率为50%。许多心理特征有助于这种遗传，例如以前在学校取得的成就和认知能力，与受教育年限之间的相关系数为0.5。受教育年限的不同也受到性格特征（例如坚持不懈和尽责）的影响，以及心理健康的影响（例如是否患有轻度抑郁）。

这些GWA研究成功的原因是包含了超过100万人的样本，这是迄今为止最大的GWA研究。这么大的样本量保证了获取微小SNP关联的能力，最终识别了超过1 000个全基因组的显著关联。与所有其他复杂特征一样，这些关联对受教育年限的影响效应量非常小，最大仅为0.03%。关联最高的那部分SNP的平均影响效应量为0.02%，仅对应两周的受教育时间差别。但是，正如我稍后将解释的那样，汇总这些SNP可以预测超过10%的受教育年限方差。这使得DNA成为孩子受教育年限的最佳预测因子，甚至优于家庭社会经济地位的环境影响因素。这一成功标志着心理学DNA革命的开始。

其他心理维度的GWA研究也取得了成功，因为它们的样本量变得足够大，可以挖掘出许多导致遗传性的微小SNP关联。对于智力，GWA研究只取得了部分进展，直到样本量达到接近30万时，200多个重要的SNP关联才在2018年被报道。之前的研究（包括我自己的研究）没有能力发现这些微小的关联。

已有数十项针对特定能力（比如阅读和数学能力）的GWA研究被报道。但是他们的样本量太小，无法找到许多可靠的关联。随着大规模基因库建立，这种情况将会很快发生转变，例如，一些大型生物样本库已经开始进行针对具体能力的检测。

对影响性格的基因的寻找也随着相关GWA研究的样本量增加而开始获得成功。研究性格比研究认知能力更容易获得大的样本量，因为性格的研究仅依赖于问卷调查的自我报告，而认知能力需要进行测试。GWA对性格的两个重要维度——外向和神经质的研究取得了初步成功。双胞胎研究显示这两种性格大约有40%的遗传率。外向包括社交性、冲动性和活力。神经质指的是情绪不稳定而不是神经过度敏感，涉及情绪低落、焦虑和烦躁。对于外向，一项针对10万人的GWA研究发现了5个关联。对于神经质，在样本量为30万的GWA研究中报道了超过100个关联。性格研究的一个新热点是幸福感，表现出了40%左右的遗传率，与双胞胎研究中相近；在针对近20万人的GWA研究中，发现了3个关联。

其他有趣的性格特征相关的GWA研究正在兴起。其中许多来自英国生物银行，其样本量为50万。咖啡和茶的饮用、慢性睡眠障碍（失眠）、疲倦，甚至是一个人在早晨还是夜晚精力更旺盛，关于这些都有显著的关联被报道。最近的例子是针对一种被称为认知共情的特征的研究，它涉及仅通过眼睛的照片来感知情绪。

这只是DNA革命的开始。当你读到这本书时，将会有数十篇关于这些和许多其他特征的更大、更好的GWA研究。新信息的重要来源将会是最大的直接面向消费者的基因组学公司“23andMe”，它拥有近200万付费客户。80%的客户同意将他们的基因型用于研究，并考虑后续的研究请求。客户平均参与了200多项简短的调查，其中许多是心理学研究。

在这20多年的基因寻找中最令人震惊的发现是，我们实际搜寻的并不是大型猎物，而是微生物。导致所有心理疾病和维度具有遗传性的DNA差异，其效应量远小于大家的预期。也就是说，25年前每个寻找基因的人都认为只有少数基因对双胞胎研究中所观察到的遗传率有贡献。就像如前所述的那样，只要有10个基因，每个基因贡献5%的方差，就可以解释50%的遗传率。

GWA研究的结果讲述了一个截然不同的故事。对于复杂的性状而言，没有发现任何基因能够贡献5%的方差，甚至不到0.5%。基因的平均效应量约为0.01%的方差，这意味着需要数千个SNP关联才能解释50%的遗传率。

用越来越大的样本来检测越来越小的效应，这一策略已经得到了回报。我们现在有数千个与复杂心理特征相关的SNP。快速发展的遗传学的新进展将会使这个数目继续增加。一个明确的提升将来自对所有DNA差异进行基因分型，而不仅仅是那些目前在SNP芯片上的差异。GWA研究中使用的SNP芯片依赖于常见SNP，即群体中等位基因频率大于1%的SNP，而基因组中绝大多数DNA差异的频率远低于1%。许多遗传得来的DNA差异对于个体而言是独特的。

这些DNA差异可以通过全基因组测序进行基因分型，即对DNA上所有30亿个碱基对进行测序。全基因组测序是基因组学的下一个研究重点。从某种意义上来说，这就是故事的终结，即30亿个碱基对所包含的DNA序列就是我们继承到的全部。这意味着决定遗传率的可遗传的DNA差异必然存在于某处。

目前，我们已经获得了数十万人的全基因组序列。据预测，在未来几年内，将有10亿人的全基因组被测序，这些DNA信息将与其电子病历相关联。我们已经知道精神分裂症、孤独症和智力障碍的个体的DNA中存在较多的罕见突变，而高智商个体则具有较少的这些罕见突变，这表明罕见突变对我们是不利的。

毫无疑问，我们可以从30亿个碱基对的DNA测序中了解到很多东西。可以肯定的是，回顾10年前，我们将意识到当时对如何找到导致心理特征不同的DNA差异知之甚少。这种新的认识将增强我们发现更多造成心理特征遗传性的DNA差异的能力。

*

既然你已经读过整个故事，理解了需要样本量越来越大的GWA研究以检测越来越小的SNP关联，那么问出以下这个问题也很合理：为什么要费力地做这些？寻找导致心理特征不同的可遗传的DNA差异有两个原因。第一个是帮助理解从基因到大脑再到行为的生物途径，另一个则是预测行为。

这些微小的效应有什么用途？答案是“用途并不多”，如果你是一名分子生物学家，想要研究从基因到大脑，再到行为的生物途径；或者你在制药行业，想要找到一种药物来修复功能异常的基因。这些微小效应形成的羊肠小径很难被用以追踪。确定SNP关联中潜藏的机制将会很困难，因为它们的效应量非常小，平均约为0.01%。

使这种从DNA到行为的自下而上的研究途径进一步复杂化的是基因的多效性，正如我们所看到的，任何一个DNA差异都会影响许多特征。多效性使得从基因到大脑，再到行为没有一个明确的路径。这些路径在整个大脑中蜿蜒徘徊。例如，与体重有关的FTO的SNP并不遵循直线路径通过大脑来影响我们的进食行为。尽管FTO基因对脂肪细胞的作用最为人所知，但它在整个大脑中高度表达，尤其是在对所有认知过程都非常关键的大脑皮质中。这些不固定的作用方式并不是FTO基因所特有的，大多数基因都会影响大部分的大脑和行为过程。如果每个基因影响许多行为，就意味着每种行为都会同时受到许多基因的影响，这正是GWA研究所展示的。

从基因到行为的自下而上的研究方法难以实现的另一个原因是，大多数涉及心理特征的SNP关联不涉及传统意义上的基因。绝大多数的SNP关联都是在基因组的非编码区中被发现的。有98%的DNA不能编码蛋白质，但对于DNA的这类“暗物质”我们知之甚少。到目前为止，我们所知道的只是非编码区可以参与基因表达的调控。

与生物学家自下而上的研究路径相比，心理学家使用的是自上而下的方法。对生物学家来说，遗传学的最终目标是理解遗传得来的

DNA差异与行为特征的个体差异之间的每条生物途径，这是一种自下而上的方法。然而，心理学家聚焦于行为，并利用遗传学来理解行为。这种自上而下的心理学观点始于预测。我们可以使用遗传得来的DNA差异预测心理特征的个体差异，而无须了解连接基因和行为的无数途径。

问题是，具有如此微小效应的DNA差异似乎对预测来说毫无价值。10年前，由于认识到即使是最大关联的效应也非常小，我有了一个灵光一现的想法。尽管单个SNP的效应很小，但可以叠加这些效应，就像我们在测试中添加项目以创建综合评分一样。2005年，我将其命名为SNP套餐。现在这些综合得分至少有10多个名称，但它们通常被称为多基因分数。

能够考虑到如此多的具有微小效应的SNP，这是我们在25年前开始研究后的巨大突破。我们现在肯定地知道，遗传率是由数以千计的非常小的关联引起的。尽管如此，在多基因分数中汇总这些关联，从而叠加数万个SNP的效应，就可以预测抑郁、精神分裂症和学业成就等心理特征。

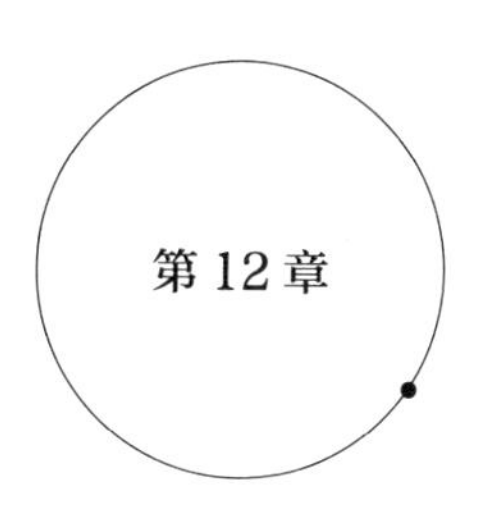

预测生理特征：身高和体重指数

数十年前人们就已经知道，心理疾病和维度的遗传率是由许多DNA差异造成的，而不是一个或两个基因造成了巨大的影响。全基因组关联研究令人震惊的地方在于，它让我们意识到“许多”意味着什么：不是几十个DNA差异，而是成千上万个。GWA研究表明，没有任何关联能够贡献人与人之间1%以上的差异，平均效应量小于0.01%。这意味着成千上万的DNA差异决定了心理特征的遗传率，也意味着需要巨大的GWA样本量来检测这些微小的关联。

继候选基因研究的结果无法重复所导致的错误开端之后，GWA研究通过覆盖基因组的100万次测试对关联进行校正，为报道统计学意义显著的关联设定了严格的标准。这个标准使得许多没有也不能达到统计显著性的关联丢失了，因为它们的效应很小。无论这些效应有多么微小，它们都可以叠加起来用于创建综合评分或多基因分数。

虽然单个SNP的微小效应对于预测而言是无用的，但叠加这些效应（无论多小）的多基因分数可以有力地预测遗传倾向。“多基因”中的“多”是使得这些分数能够预测心理学中个体差异的关键。换句话说，GWA研究的关键标准不是有多少关联达到了统计显著性。更为重要的是，源自GWA研究结果的多基因分数能够用以预测个体差异。

基于DNA而不是占卜用水晶球的多基因分数，才是未来的预言者。正如我们将要看到的那样，预测是至关重要的，因为它是预防心理问题和提升希望的关键。这是个人基因组学的新世界，它开始于使用基因组中可遗传的DNA差异来预测心理差异。对于心理维度差异和疾病来说，一些多基因分数的预测能力已达到令人印象深刻的水平。本章介绍了多基因分数的含义，并描述了过去两年中多基因分数的效力。它也揭示了我自己的一些多基因分数，用以瞥见心理个人基因组学的未来。

因为多基因分数是心理学DNA革命的基础，所以我们必须了解它们是什么。多基因分数就像性格问卷调查中的综合性评分一样，心理学家经常用综合性评分从各种项目中创建量表。多基因分数的目标是提供单一的遗传指数来预测特征，无论是精神分裂症、幸福感还是智力。为了更好地理解多基因分数，我们可以用害羞这种性格特征举例来进行讲解。用于评估害羞的问卷包括多个项目，以便包含害羞的不同体现方面。例如，典型的害羞问卷将包含多个项目，涉及你在社交场合中（例如：参加聚会、见陌生人以及在会议上发言）有多焦虑以及你会在多大程度上避免这些情况。它可能会要求你使用三级记分法进行回答（0 = 完全没有，1 = 有时，2 = 经常）。

通过这些项目相加来创建害羞度的分数，还可以根据需要小心地“反转”选项，使得最终高分就意味着高的害羞度。如果我们的害羞度量有10个项目，得分为0，1或2，则总得分可以在0到20之间变动。简单地叠加这些项目，表示将每个项目的作用视为同等。然而，并不是所有项目都具有同等的作用。出于这个原因，这些项目通常在它们捕获害羞特征的有效性的基础上，通过某些标准加权之后再相加。

这正是多基因分数的创建方式，不同的是，我们是将SNP的基因型，而不是问卷中的项目进行相加。与害羞特征的三级记分法评定量表一样，SNP基因型分数为0，1或2，表明“增加效应的等位基因”的数量，就像在与体重有关的FTO的SNP的例子中那样。与我们对一个SNP进行等位基因的相加以创建基因型分数的方式相同，我们还可以将许多SNP的等位基因相加以创建多基因分数，就像我们将问卷项目相加以创建害羞度的评分一样。全基因组关联研究的结果被用于选择SNP，并为每个SNP分配权重。例如，在体重的GWA分析中，FTO的SNP具有比其他SNP更多的方差，因此它应该在体重的多基因分数中权重更大。

表12–1显示了如何用10个SNP创建一个人的多基因分数。对于第一个SNP，该个体的基因型是AT。该SNP的T等位基因恰好是与该性状正相关的增加效应的等位基因。因此，该SNP的个体基因型分数为1，因为该基因型仅具有一个增加效应的T等位基因。在10个SNP的总分最高为20的基础上，这个个体总共有9个增加效应的等位基因。因此，该个体的多基因分数恰好低于该特征的人群平均分——10分。

表12-1　一个个体基于10个SNP的多基因评分

	增加效应的等位基因	等位基因1	等位基因2	基因型分数	与特征的相关系数	加权基因型分数
SNP 1	T	A	T	1	0.005	0.005
SNP 2	C	G	G	0	0.004	0.000
SNP 3	A	A	A	2	0.003	0.006
SNP 4	G	C	G	1	0.003	0.003
SNP 5	G	C	C	0	0.003	0.000
SNP 6	T	A	T	1	0.002	0.002
SNP 7	C	C	G	1	0.002	0.002
SNP 8	A	A	A	2	0.002	0.004
SNP 9	A	T	T	0	0.001	0.000
SNP 10	C	C	G	1	0.001	0.001
多基因分数				9		0.023

仅仅是将具有增加效应的等位基因的数量相加，总分已经可以作为多基因分数合理地起到预测作用。然而，我们可以依据SNP与性状相关的程度，对每个SNP的基因型分数进行加权以增加其精确度。每个SNP和性状之间的相关系数来自GWA分析结果。如果一个SNP与性状的相关系数是另一个SNP的5倍，例如表12-1中的SNP 1与SNP 10，那么前者应该在多基因分数中被计算5次。

表12-1最后一列中的“加权基因型分数”是每个SNP的基因型分数及其与特征的相关系数的反映。这10个SNP的加权基因型分数的总和是0.023。这个数字不像9这个未加权基因型分数那样容易解释，因为后者就是增加效应的等位基因的总和。然而，未加权基因型分数

9和加权得分0.023都可以简单地用群体中的百分位数来表述。对于这个个体来说，两种类型的数据均表明其多基因分数略低于平均水平。

多基因分数中应该包含多少个SNP？最初仅使用了来自GWA研究的具有全基因组显著性的SNP关联来创建多基因分数。就体重而言，97个独立的SNP达到了全基因组显著性的标准。用这97个SNP创建多基因分数，解释了独立样本体重方差的1.2%。这仅略微好于FTO的SNP，它解释了体重方差的0.7%。

仅使用具有全基因组显著性的关联，就像要求我们衡量害羞的量表中每个项目本身都具有显著的预测性一样。我们不会这样要求其他心理分数，因为期望每个项目都独立具有显著性是不现实的。我们的目标是拥有尽可能有效的综合量表。

有一个更好的思路是做我们创建其他心理评分时所做的事情：不断添加项目，只要保证它们能够增加综合评分对不同独立样本进行预测时的可靠性和有效性即可。对于多基因分数来说，关键的标准是预测。因此创建多基因分数的新方法是持续添加SNP，只要它们能够增加多基因分数在独立样本中的预测能力即可。在过去两年中，这是为心理特征建立有效的多基因分数并获得回报所使用的策略。有些假阳性结果确实会被纳入多基因分数中，但只要信号相对于噪声增加了，即多基因分数能够预测到更多的方差，就是可以接受的。

例如，对于体重指数，基于97个全基因组显著性SNP的多基因分数能够预测1%的方差，包含2 000个SNP的多基因分数则能预测4%的方差。在多基因分数中纳入更多的SNP可以将预测上限增加到方差的6%。许多假阳性SNP被纳入了这个多基因分数，但它们并没有损害预测过程，只是没有帮助而已。将多基因分数的预测能力从

1%提高到6%，这使得信号与噪声之间的折中变得可接受。

对于复杂性状和常见疾病，这种创建多基因分数的新方法不只包括10个或100个SNP，甚至超出了1 000个SNP。通常，多基因分数中包括数万个SNP，有时甚至是数十万个。它是经验性的：只要SNP增加了在独立样本中的预测能力，就不断添加。

目前，生物学、医学及心理学领域的数百种特征都具有创建多基因分数所需的GWA汇总统计数据。在发表GWA研究后，许多研究人员公开了他们的GWA统计数据，以便任何人都可以使用它们创建多基因分数。以下数字可以让你对过去10年中GWA研究的爆炸性增长有所理解：这些结果的主存储库中包括了基于150万个个体和14亿个SNP–性状关联的GWA汇总统计数据，针对173个特征。这些特征包括与心理学相关的20种心理特征、心理疾病及心理学维度变化，例如社会剥夺、吸烟、睡眠持续时间、初潮年龄和更年期，以及父亲的死亡年龄。它们还包括与心理学相关的生理特征，例如免疫和代谢生物标志物。

这只是多基因分数时代的开始，怎么强调它也不为过。虽然公开的GWA汇总统计数据只适用于200多种特征，但目前已有数百种其他特征的GWA分析被报道，它们最终会在其汇总统计数据公开后被添加到可能的多基因分数列表中。此外，更大和更好的GWA研究将持续为所有特征产生更有效的多基因分数。

*

在本章的其余部分，我将分享我的身高和体重的多基因分数，以探讨这些指标所引发的一些普遍问题。这些为说明多基因分数如何预示着心理学领域个人基因组学时代的来临提供了具体的例子。在创建我的多基因分数时，我们使用了前一章中所描述的最近发表的GWA研究。尽管在不同情况下，针对更大样本的GWA分析正在进行中。当你阅读本书时，以下对多基因分数效应的说明已经变成了保守的估计。

多基因分数需要DNA、全基因组基因分型和大量的分析。只要花费不到100英镑，就可以让面向消费者的公司从你的唾液中提取DNA，并使用SNP芯片进行全基因组基因分型。这些公司专注于单基因疾病，但同样的全基因组基因分型可用于创建多基因分数。这些公司已开始重新分析SNP基因型数据，为大众客户提供多基因分数。相同的SNP基因型可用于为任何可获得GWA结果的性状创建多基因分数。

为了用我自己的DNA来说明多基因预测，我们需要一个大的对照样本，样本中每个个体具有构建过程相似的多基因分数。然后我们可以看到我的多基因分数在当前可用的数百个多基因分数中的位置。不需要表型数据，只需要DNA就可以了。也就是说，在不需要了解我是否有抑郁症状的情况下，我可以将我的抑郁多基因分数与对照样本的多基因分数进行比较。

我和我的团队根据前一章所描述的GWA研究结果，使用我们实验室从一张SNP芯片中获得的我的SNP基因型，为多种性状创建了多基因分数。我们将我的多基因分数与参与英国双胞胎早期发育研究的6 000名无关个体的数据进行比较。这个对照组是由年轻人构成的。这并不是问题，因为DNA不会改变，即使对照组里有婴儿也没关系。

到目前为止，最具预测性的是身高多基因分数，它能解释成人身高17%的方差。虽然身高不是一种心理特征，但这可以作为理解多基因分数如何运作以及如何对它们进行解读的客观实例。我们使用身高的GWA结果，为我自己和TEDS样本中的每个人创建了多基因分数。来自对成人身高的GWA研究的多基因分数能够预测TEDS样本中的年轻人身高15%的方差。

要解读多基因分数，重要的是记住它们的分布曲线总是钟形的，也就是正态分布。这种钟形曲线由概率的基本定律——中心极限定理所决定。中心极限定理是所有统计学计算的基础。当许多随机事件导致某种现象时，就会出现正态分布，例如投掷硬币并计算出现人像一面朝上的次数。如果你投掷10次硬币，可能连续出现没有头像那一面朝上或者10次都是头像那一面朝上，但大多数时候头像那一面朝上的总次数将在4~7之间。如果你尝试更多次，你会得到一条完美的钟形分布曲线，峰值为5——这将是头像一面朝上的平均次数。投掷硬币和计算头像一面朝上的次数，完全类似于为了构建许多个体的多基因分数而计算来自SNP的“增加效应的等位基因”的数量。

我将用正态分布中的百分位数来描述我的多基因分数。也就是说，我的多基因分数在多大程度上高于或低于对照样本中的平均多基因分数，即第50个百分位数处个体的多基因分数？事实证明，我的身高多基因分数位于第90个百分位数处。所以，基于我的DNA，即使对我一无所知，你也可以预测出我很高。事实上，我的身高超过1.9米。当然，如果你看到我，你一眼就能看出我很高。但是有了DNA，你没有见过我也可以知道我很高。

最重要的是，你可以在我出生的时候就预测到我会很高。与任何其他预测因子不同，多基因分数从出生开始就像在任何其他年龄一样具有预测性，因为遗传得到的DNA序列在一生中是不会改变的。相比之下，根据出生时的身高几乎不能预测成年后的身高。多基因分数的预测能力大于任何其他预测因子，甚至大于被预测的个体的父母的身高。多基因分数相较于家族相似性的另一个优点是：父母身高仅提供了全家范围内的预测，对于父母所生的每一个孩子而言都是相同的；而多基因分数提供了对每个个体特异的预测。换句话说，根据我出生时的多基因分数，可以预测出我将会高于由父母的平均身高得出的预期值。

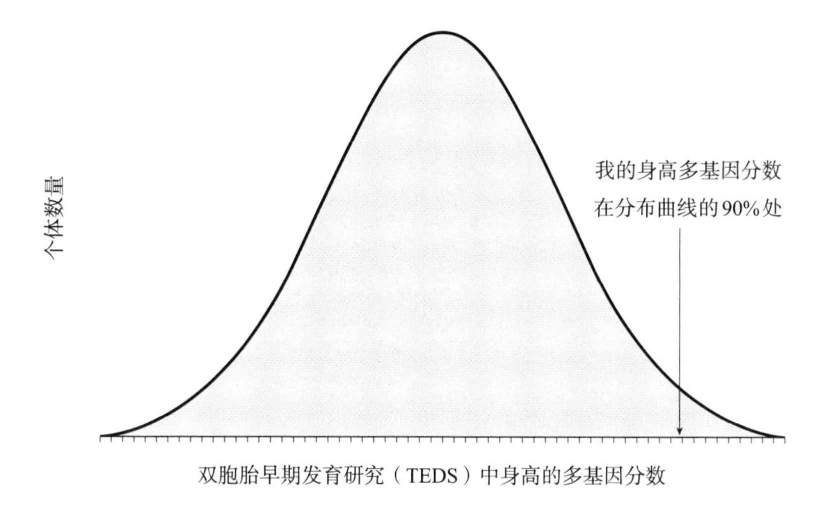

图 12–1　我的身高多基因分数

在查看我的其他多基因分数之前，我需要强调另一个对于个体进行预测的观点。我的实际身高处于正态分布的99%处，但我的多基因分数是90%。多基因分数是否足以支撑准确预测呢？

例如，TEDS中身高的多基因分数预测了这些年轻人实际身高15%的方差。但是，15%离100%还很远。事实上，多基因分数永远无法预测任何特征100%的方差，因为预测的上限是遗传率。对于身高，遗传率为80%；但对于心理特征，遗传率为50%，这意味着多基因分数的预测总是无法达到完美。最重要的是，多基因分数能够在多大程度上预测这些特征所有的遗传方差。这种差距被称为遗传性缺失。

对于对照样本中的个体，多基因分数和身高之间的相关系数为0.39。相关系数的平方告诉我们多基因分数解释了身高的多少方差，这是估算出15%这个数字的由来。图12–2显示了当你将对照样本中每个个体的多基因分数与其身高进行比较时，相关系数为0.39的散点图是什么样的。

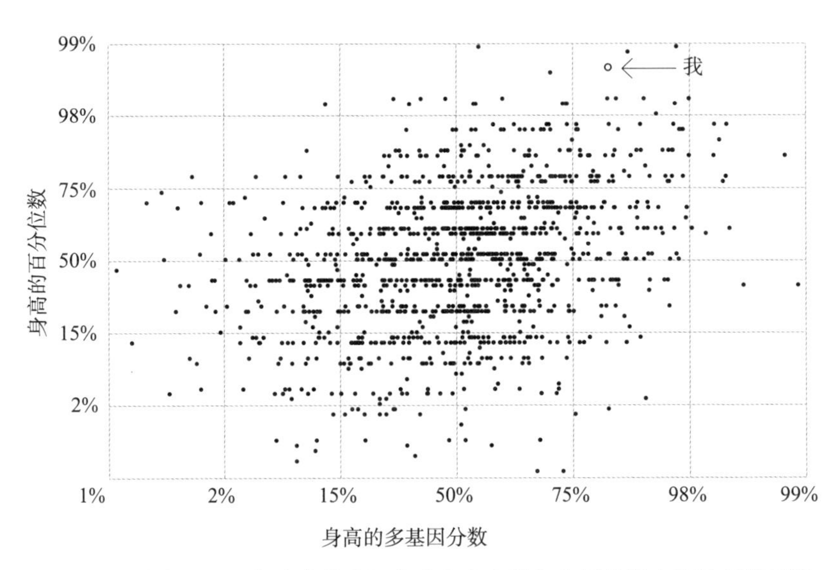

图12–2　散点图显示每个人的实际身高和身高的多基因分数之间的相关系数为0.39，我身高的数据点用箭头标示

注：由于身高的性别差异较大，对身高进行了性别校正并将结果标准化。因此，图中的结果以身高的百分位数表示，而不是以厘米表示。

如果相关系数为0，则散点图看起来是圆形而不是椭圆形，表明多基因分数与身高之间没有关联。如果相关系数为1，散点图将是直线。用身高的多基因分数预测身高，它们介于没有相关性和完美相关之间，如图12–2所示，相关系数为0.39。

从图 12–2 的椭圆形散点图中可以看出，较高的多基因分数与较高的身高相关。但是仍存在着方差，例如：我的实际身高的百分位数接近 99%，但我的多基因分数是 90%。也许这种差异是由某些环境因素造成的，例如营养充足或没有疾病。但是，考虑到多基因分数较为中等的预测能力，这更可能只是随机波动的结果。

还有比我更极端的异常值。在分布图的最右侧，身高的最高多基因分数来自一个实际身高略低于平均值的个体。在分布的最左端，最低多基因分数来自一个实际身高接近平均值的个体。

一些科学家利用这种不准确性来论证多基因分数不能用于个体预测。多基因分数与身高之间的相关系数不是 1，也不可能是 1。因为遗传率低于 100%，它是多基因分数预测的上限。然而，0.39 的相关系数解释了 15% 的方差，给我们提供了比其他预测因子（例如由其父母的身高预测个体身高）更强的预测能力。

对于任何多基因分数而言，在极端条件下都可以找到强有力的预测实例。例如，请查看图 12–2 这张身高的散点图。你可以看到，具有低多基因分数的个体的平均身高远低于具有高多基因分数的个体的平均身高。图 12–3 根据身高的多基因分数将样本分成 10 个大小相等的组（每个组占样本的 10%），然后计算每组的平均身高，以此来更明确地说明这个问题。

平均多基因分数与平均身高之间存在很强的相关性。例如，多基因分数最低的 10% 的个体，平均身高的百分位数是 28%；而多基因分数最高的 10% 的个体，平均身高位于 77% 处。

贯穿每个数据点的线称为标准误差。这条线的长度表示有 95% 的概率，预计的身高会落在这个估计范围内。请注意，标准误差是指每组的平均值的标准误差，而不是个体得分的估计误差。换句话说，多基因分数最高的10%个体的标准误差意味着在95%的情况下，该组内个体的平均身高的百分位数将为72%~82%。这并不意味着有95%的该组个体的实际身高将位于这个范围内。

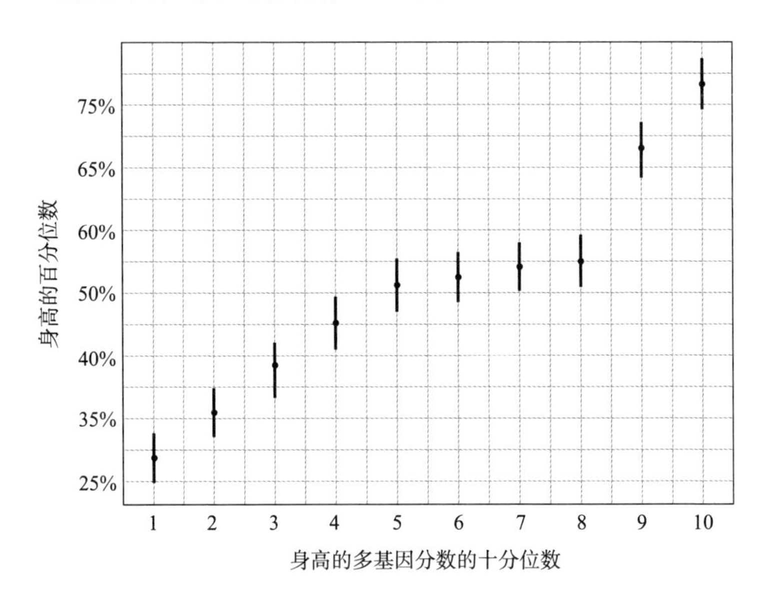

图12–3 身高多基因分数从最低10%到最高10%的个体的平均身高

注：由于身高的性别差异较大，对身高进行了性别校正并将结果标准化。因此，图中的结果以百分位数表示，而不是以厘米表示。圆点表示多基因分数的每个十分位数中个体的平均高度。贯穿每个点的线是平均值的标准误差，表示预计的身高有95%的概率会落在这个估计范围内。

要表述群体差异和个体差异之间的重要区别，最清晰的方式是比较群体中具有最低和最高多基因分数的个体的分布。图12–3显示了多基因分数最低和最高10%的个体之间的平均身高的巨大差异。图12–4显示了相同的平均高度差异，但它额外地展示了围绕这些组内平均值的个体差异的分布。

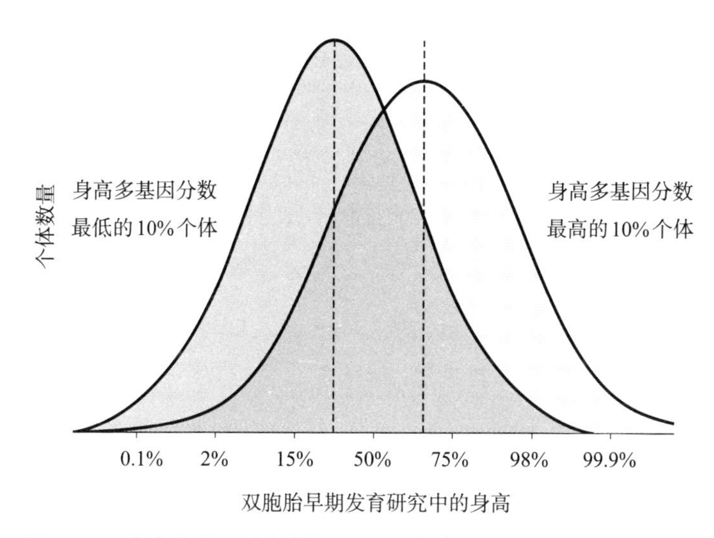

图12–4 身高多基因分数最低10%与最高10%的个体的身高分布

尽管虚线展示了平均身高的差异，但两组内的个体在身高上的差异是很大的。两组之间的重叠率为52%，这意味着具有最高多基因分数的组内其实包含了比具有最低多基因分数组中大多数人还要矮的个体，反之亦然。

所以，如果你对一群人所知的仅仅是他们的DNA，那么你可以预测他们的身高。对于具有低或高多基因分数的人群，你可以准确地预测他们的平均身高会有所不同。然而，当涉及预测每个个体的身高时，例如预测你自己，准确性就会比较低。在用多基因分数对个体进行预测时，我们要记住这种预测是概率性的，而非确定性的。

多基因分数从出生时就能预测身高的能力可能会满足父母的好奇心，并帮助篮球球探。但是，身高没有其他医学或社交方面的特征那么重要。另一方面，体重与许多健康结果相关，也是健康心理学的关键变量。由于身高和体重之间有强相关性，相关系数大约为0.6，我们使用更纯粹的体重度量——体重指数，对体重进行了身高的校正。例如，我的体重是114千克。根据身高、性别和年龄进行校正得出我的体重指数是30，这在我这个年龄的英国男性体重分布中的百分位数为70%，而我的实际身高位于人群分布的99%处。

我惊讶地发现我的体重指数多基因分数是94%（如图12–5所示）。我看到这个结果的第一个想法是，这又是一个多基因分数欠缺准确度的例子，因为我的实际体重在人群中的百分位数是70%。毕竟，体重指数多基因分数仅能预测6%的方差，远低于身高多基因分数——它能预测15%的身高方差。然而，我经过认真思考发现，我的分数似乎不太可能是一个统计上的意外，因为它是如此之高。我也意识到我的家族里确实有一些超重的成员。而且说实话，我经常在努力试图减轻体重。

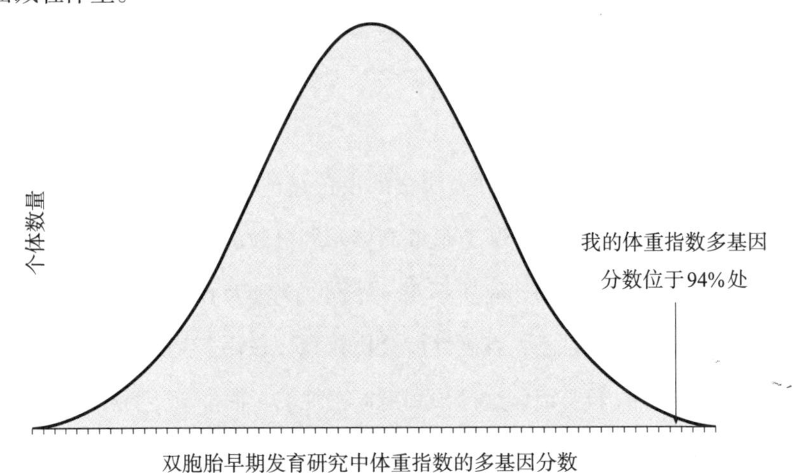

图12–5　我的体重指数多基因分数

我开始接受我的体重指数多基因分数高是有道理的。无论如何，接受我的体重指数多基因分数对我坚持不懈地与大肚腩进行对抗的努力产生了很好的影响，这是一个多基因分数启发自我认知的例子。问题的重点是，我的多基因分数高并不意味着我必须让自己屈服于超重。这只意味着我在遗传上更倾向于增加体重，并且一旦增重就很难减掉它们。有了预警，就可以预先进行防备。

这种遗传易感性包括心理和生理机制，如对食物诱惑的敏感性和饱腹感。了解我的体重指数多基因分数有助于让我意识到自己不能放松警惕，尤其是在那些抵抗力较弱的时刻：例如当我度过漫长的一天后感到疲倦时，我就抵御不了柜子里那些小零食的诱惑。我知道如果我不买那些零食，就没有东西可以诱惑我了。我也可以觉察到自己欠缺饱腹感，这意味着即使我知道自己已经很饱了，也依然很难停止进食。即使在我知道自己已经被填鸭式塞满之后，我发现自己还是很难抵御吃掉桌上所有能吃的东西的欲望。只要简单地意识到我欠缺饱腹感，就已经有助于我抑制暴饮暴食。

思考多基因分数与实际情况之间的差异，也可以增强自我认知。虽然我的体重指数多基因分数在94%处，但我的实际体重指数的百分位数“仅”为70%。我的多基因分数和我的实际体重指数之间的这种差异激励着我不要放弃。

我们应该从遗传学中得到的一个信息是对他人和对我们自己的宽容。我们应该认识并尊重遗传对个体差异的巨大影响，而不是指责那些超重的人。人们在体重指数方面存在差异的主要原因是遗传，而不是缺乏意志力。克服问题的成功和失败，是该被称赞还是受指责，应该相对于遗传的优势和劣势进行校准。

现在，我们已经研究了身高和体重指数多基因分数如何预测我们的未来，让我们转向多基因分数对我们心理特征的预测。

第13章

预测心理特征：心理疾病和教育成就

鉴于本书的重点是心理学，那么关键的问题当然是多基因分数可否揭示心理特征。经过20年的努力，我们仍未能成功地找到一些显著影响心理特征遗传率的可遗传的DNA序列。但过去两年的成果令人非常兴奋。利用数以万计的SNP创建的多基因分数已经扭转了预测心理特征的趋势。现在，每个月都有更有效的多基因分数涌现。

在本章中，我们将研究心理学中一些最佳的多基因分数，并且看一看我自己在这些特征方面的分数。首先，让我们来看一下精神分裂症、抑郁和双相障碍这些重大心理疾病的多基因分数。

对于精神分裂症，多基因分数目前可以预测出精神分裂症7%的诊断可信度方差（关于“可信度方差”，更多信息详见注释）。这7%的方差与精神分裂症50%的遗传率相距很远，但相较于预测精神分裂症风险的传统变量（如社会弱势、吸食大麻和霸凌等童年创伤），它已经具有更好的预测效果了。此外，以上这些环境相关性中包含的遗传影响尚未被控制，因此它们在某种程度上被夸大了。多基因分数甚至可以预测家族史，也就是说，可以预测到父母或兄弟姐妹同样被诊断为精神分裂症——当然这也包括了遗传影响。患有精神分裂症的个体的一级亲属患病风险会增加到9%，而人群的平均风险是1%。反过来，这意味着在超过90%的情况下，患精神分裂症个体的一级亲属本身并不会被诊断为精神分裂症。相比之下，精神分裂症多基因分数最高的10%个体被诊断为精神分裂症的可能性是最低的10%个体的10倍。此外，正在进行的GWA分析将样本量增加了一倍，这将使该多基因分数的预测能力大幅提升。

与精神分裂症相比，目前重度抑郁和双相障碍的多基因分数只能预测出较少的可信度方差：重度抑郁为1%，双相障碍为3%。然而，这些多基因分数只是各自基于约10 000个病例得出的。目前正在进行中的GWA研究极大地增加了样本量，这将会大大增加多基因分数的预测能力。对于重度抑郁，样本量增加了8倍，多基因分数的预测能力据称将会从1%增加到4%。尽管这些分析仍在进行中，但这4%的预测能力已经比用于预测抑郁的传统变量（特别是父母患抑郁的情况）所能达到的预测能力更强。对于双相障碍，经初步分析，样本量增加一倍将会使多基因分数的预测能力从3%增加到10%，这也将会是最有效的双相障碍预测因子。

目前，多基因分数也可用于预测发展障碍，例如厌食症、孤独症谱系障碍和注意缺陷多动障碍。然而，到目前为止，这些多基因分数只能达到不到1%的可信度方差。这并不奇怪，因为得出这些多基因分数的每项GWA研究仅包含了约3 000例样本。这些多基因分数的预测能力将会急剧增加，因为目前已有计划对这些疾病中的每一种进行样本量为40 000例的GWA分析，比之前的GWA研究样本量大10倍以上。

那么，对于这些心理疾病，我的多基因分数是什么情况呢？

我对自己的精神分裂症的多基因分数最为惊讶，它显示为85%。从某种意义上来说，我没有任何患精神分裂症的感觉，比如出现思维紊乱、幻觉、妄想或偏执。此外，我也没有听说过我的家族中有任何精神分裂症的病例，包括我的儿子，他已经40岁了，也已超过了通常的发病年龄。

如果我高于平均水平的多基因分数不是出于统计学上的偏差，如果我确实在遗传上更容易患精神分裂症，那么我可以很自豪地意识到自己并没有屈服于遗传。但是，我猜想我需要高度结构化的、提前规划好的工作生活，可能是为了让自己的情绪保持平稳。有一点可以肯定的是，这些信息将使我更不愿意去尝试含有较高浓度四氢大麻酚的新型大麻，因为它与精神分裂症的发作相关。另一方面，我已经远远超过了精神分裂症的发病年龄，所以我不会因为这个比较高的多基因分数而夜不能寐。

这揭示了一个更大的困境：如果发现我们对某种疾病有很大的遗传风险，我们该怎么办？对于某些疾病，了解我们是否存在高患病风险是有用的，因为我们可以采取一些措施来降低风险。一个很好的例子是了解我在体重超标方面存在着高遗传风险。显然，我可以做些什么来降低风险。

然而，即使发现具有某些心理疾病的高遗传风险，目前我们也无能为力，比如精神分裂症。更糟糕的是，如果发现你的孩子患精神分裂症的遗传风险很高，你该怎么办？到目前为止，我们几乎无法阻止这些疾病的发生，除了避免使用对神经系统有影响的药物等常识性做法以外。当发现了遗传风险却不能做什么来解决问题时，人们对这种困境的反应会各不相同。是否想知道解决方案，就是问题所在。很多人不愿意知道解决方案，而有些人和我一样，更愿意知道可能存在的东西，即使对于解决问题我们无能为力。尽管对于是否想知道的问题已经有了很多描述，但几乎所有这些问题都与单基因疾病及其患病风险的确切答案有关。多基因分数永远是概率性的，而不是确定性的，因为它们的上限是遗传率（通常约为50%）。心理特征的遗传风险最接近单基因疾病的是阿尔茨海默病，我将在之后进行讨论。

鉴于我的家族中没有出现过任何类似精神分裂症的行为史，我很可能是一个特例，只是偶尔出现了易患精神分裂症的SNP组合。换句话说，我的多基因分数可能只是受精时偶然性的结果，因为遗传风险涉及数以千计的微小DNA差异。这就解释了为什么大多数被诊断为精神分裂症的人没有任何患精神分裂症的亲属，尽管精神分裂症是高度可遗传的。这也是多基因分数如此重要的原因。多基因分数在预测个人的遗传风险方面，比依据平均家庭风险做出判断更具有优势。

关于我精神分裂症的多基因风险评分高于平均值，一种更好的思考方式是，考虑精神分裂症这种极端表现可能具有的积极方面。最好的例子是精神分裂症和创造性思维之间可能存在的联系。亚里士多德曾说过："没有一个伟大的天才不是疯狂的混合体。"许多艺术家都患有精神分裂症，最著名的是画家文森特·凡·高，小说家杰克·凯鲁亚克，以及英国摇滚乐队"平克·弗洛伊德"的西德·巴勒特和美国摇滚乐队"海滩男孩"的布赖恩·威尔逊等音乐家。一些特别有创造力的科学家也被诊断患有精神分裂症，例如数学家约翰·纳什，他的生活在好莱坞电影《美丽心灵》中得到了演绎。

最近，一项针对瑞典100多万精神病患者的家庭研究提供了支持这种想法的证据。这项研究发现精神分裂症患者的未确诊的一级亲属更有可能从事创造性职业，比如成为演员、音乐家和作家。关于未来如何利用多基因分数，最近的一项研究是一个很好的例子，该研究试图探索精神分裂症的多基因分数是否可以预测健康人群的创造力。在几个不同的人群中，研究人员发现精神分裂症多基因分数高的人更有可能从事创造性职业。

对于那些发现他们的孩子具有较高的精神分裂症多基因分数的父母来说，这些想法可能也不会让他们好过多少。值得重申的是，多基因分数本质上是概率性的，而不是确定性的。此外，多基因分数预测疾病的能力能够使研究集中于最终可能阻止或至少改善这些疾病的干预措施。我们很快将会回过头来讨论这些内容。

对于重度抑郁和双相障碍，我的多基因分数分别为33%和22%，表明风险较低。我起初对于这些重大心理疾病的多基因分数低于平均值感到非常满意。然而，我们并不真的清楚多基因分数低是什么意思，因为心理学家都关注处于分布中比较高的那一端的确诊病例。例如，我的双相障碍的多基因分数低，可能不仅仅是让我避免经历双相障碍的情绪起伏不定。它可能也会让我的情感平淡，以至于我不会主动去闻闻玫瑰花的香气。没有经历生活的高潮和低谷，也可能使我看起来不那么具有同情心。它甚至可能让我显得孤僻。我们需要了解多基因分数分布的另一端。下一章中我们将再次讨论多基因分数的这个重要含义。

因为我已经过了这些疾病的通常发病年龄，所以在等待我的多基因分数结果时我并没有太担心。然而，迟发性阿尔茨海默病完全是另一回事。对于这种可怕的疾病，只能说你最好在它到来之前多享受生命的美好时光。阿尔茨海默病的多基因分数可预测5%的可信度方差。与其他心理疾病不同，这种病的遗传风险大多是由一个名为ApoE4的基因引起的。虽然只有1%的人携带两个这种带来风险的隐性等位基因，但这些不幸的人的患病风险从10%的人群平均值跃升至80%，这就是这个等位基因解释了多基因分数大部分预测能力的原因。

ApoE基因的作用太大了，而阿尔茨海默病又足够可怕，使得许多人在进行他们的基因组基因分型时选择不去了解他们的ApoE基因型状态，包括第一个被全基因组测序的人——詹姆斯·沃森，他活到90岁时也没有出现患阿尔茨海默病的迹象。如果有措施可以防止这种退行性疾病的恶化，人们就会强烈要求得到阿尔茨海默病的多基因分数。我们的困境是，在现今还没有任何有效举措的情况下，发现了遗传风险该怎么办。

我不得不问自己，如果我发现自己有两个ApoE4等位基因，我会做什么？鉴于目前无论如何都无法抵御这种可怕的疾病，是否不知道会更好？我决定，总的来说我宁愿知道真相，因为知识就是力量。发现我对阿尔茨海默病有很大的遗传风险，肯定会让我以不同的方式计划我的生活。从实际的角度看，我会计划老年生活的护理安排。我会密切关注正在进行的治疗试验，祈祷有新的治疗方案诞生。另外，常规建议可能也会有所帮助，例如：控制血压，健康饮食，以及保持身体、精神和社交上的积极活动。至少做这些事情不会造成任何伤害。唯一的具体建议是避免头部受伤，绝对不能参加拳击，很可能还要避免头球，因为头部受伤是已知能够增加阿尔茨海默病风险的唯一环境因素。知道我患阿尔茨海默病的风险较高也可能带来一些积极影响，比如鼓励我更多地享受当下的生活。

所以，我最终还是咬咬牙看了我的ApoE结果。我的两个等位基因都不是ApoE4等位基因，这让我如释重负。看来我在这方面并不是特别“幸运”，因为只有1%的人会有两个ApoE4等位基因。虽然超过1/4的人会有一个ApoE4等位基因，但只有一个对阿尔茨海默病的遗传风险影响要小得多。因为ApoE对阿尔茨海默病的多基因分数结果贡献最大，所以我的多基因分数也低于平均水平，仅为39%。

*

到目前为止，所有科学研究中报道的最大型的GWA研究是针对受教育年限的研究，其样本量超过100万。巨大的样本量使得它有可能发现超过1 000个重要的SNP关联。基于这项研究的多基因分数可以预测受教育年限（也被称为教育成就）超过10%的方差。虽然这项新的教育成就多基因分数尚未公布，但2016年发表的一项基于33万名个体的GWA研究的多基因分数在心理学界引起了风暴。就像我们将要看到的那样，尽管它只预测了受教育年限3%的方差，却已经有数十篇论文基于它发表了。

对于2016年的教育成就多基因分数，我的得分是多少呢？事实证明，它是我得分最高的多基因分数——94%。当然，这是一个令人开心的消息，但它引发了我的一些反思。我在芝加哥市中心的一间一居室公寓里长大，家里没有书。我家里没有人读大学，包括我的父母、姐姐和10多个住在附近的表兄弟在内。然而，从很小的时候起，我就是一个狂热的阅读者，经常从当地的公共图书馆带回一大摞书。我经常想知道我对书籍和上学的兴趣到底来自哪里，因为我的家人对这些事情几乎没有兴趣。在我还是青少年的某一段时间，我甚至猜测自己是不是被领养的孩子。我当时没有意识到，虽然遗传学第一定律说的是“龙生龙，凤生凤”，但第二定律说的是孩子总会和父母不一样。遗传使得一级亲属有50%的不同，以及50%的相似。

虽然我的功课和成绩很好，但我认为自己并没有多聪明。我勤奋努力，一丝不苟，坚持不懈。我想知道我的教育成就多基因分数较高，是否因为GWA评估受教育程度的目标特征正好就是在高等教育中取得成功所需要的特征——除了智力之外还包括对阅读的兴趣及性格特征（例如勤奋和毅力）。后面将要描述的研究支持了这一假说。

如果你发现你的一个孩子的教育成就得分很低（无论你在这方面的多基因分数有多高，都很有可能出现这种情况），你会怎么办？即使知道这只是一个概率性的预测，也很难接受，特别是对受过高等教育的父母来说。一方面，正如本书中反复强调的那样，基因不是命运，遗传率描述“是怎样”，而不是“将会是怎样”。父母完全可以有所作为。重要的是父母对他们的孩子不抱有宿命论的看法，因为多基因分数是概率性的而不是确定性的。

另一方面，正如前面所讨论的那样，父母意识到孩子不是可以按照他们所希望的样子而被塑造的“橡皮泥”也很重要。本书传达的主要信息是：基因是儿童发育过程中的主要系统性力量。父母自然希望自己的孩子能够变成他们所能达到的最好的样子，但重要的是明白这有别于父母希望孩子成为的样子。多基因分数可能有助于父母了解：孩子对接受高等教育缺乏兴趣，并不一定是不听话或懒惰的表现。相比于其他孩子，学习确实对于一部分孩子来说更困难、更不愉快。特别是，多基因分数可以帮助有多个小孩的父母理解为什么他们的一个孩子爱学习，而另一个孩子却不爱学习。

当基于超过100万人样本的新多基因分数可以使用时，教育成就多基因分数的影响将会激增。虽然受教育年限是粗略的衡量标准，但它是我们预测重要社会成就的最佳变量，最显著的就是对职业地位和收入的预测。它的大部分预测能力来自它与智力之间达0.5的相关系数。使用2016年的教育成就多基因分数进行研究，得出了一个令人惊讶的发现：它预测智力的能力（4%）强于预测该GWA的目标特征——受教育年限（3%）。这一发现的原因是智力是以更精细的方式被评估的。

有一个相关的奇怪发现是，教育成就多基因分数能比智力本身的GWA研究所得出的多基因分数更好地预测智力（前者为4%，后者为3%）。导致这一点的原因是：GWA的样本量更大，预测的效果更好。即将完成的基于100万GWA样本的教育成就多基因分数，将能够预测智力的10%以上的方差。对智力本身的GWA研究很难达到相似的样本量，因为它必须对智力进行测试，而受教育年限则可以用一个自我报告的项目进行评估。在更大规模的GWA智力研究开展之前，这种多基因分数将会持续成为智力的最佳预测指标。

基于我对学业成就的兴趣，我想看看教育成就多基因分数对考试成绩反映的实际学业成就的预测结果如何，而不仅仅是它对受教育总年限的预测。目前还没有GWA研究关注学业成就，因此没有多基因分数可用于预测学业成就。在我的英国双胞胎早期发育研究中，我们将教育成就多基因分数与16岁时的英国国家性GCSE考试的成绩进行了关联。

我们发现，根据2016年对成人受教育总年限的GWA研究而得出的多基因分数可以预测16岁时GCSE考试分数方差的9%。这意味着GWA对受教育年限的分析无意中在预测学业成绩的遗传差异方面做得比它原本的直接分析目标——受教育年限的差异方面更好（前者为9%，后者为3%）。此外，使用一种被称为**多重多基因分数**的方法，我们能够通过在教育成就多基因分数的基础上增加智力的多基因分数来提高这一结果，从而预测GCSE考试分数方差的11%。预测11%的方差使其成为2017年所报道的对所有心理特征的多基因分数预测中最有效的，尽管随着之后的研究结果不断涌现，这一记录很快就会被打破。

很少有变量可以很好地预测学业成就。我们已经看到，对英国的学校质量进行密集且昂贵的现场评估仅预测了孩子们在16岁时GCSE成绩的不到2%方差。对儿童学业成就最佳的长期预测因素之一是其父母的受教育程度。在双胞胎早期发育研究中，父母受教育程度能够预测其子女GCSE分数20%的方差。然而，我们已经证明，父母受教育程度与儿童GCSE评分之间的这种相关性有一半是由遗传导致的，是后天因素的先天性的另一个例子。换句话说，一旦我们控制了遗传因素，父母受教育程度仅能预测GCSE分数10%的方差。因此，仅根据DNA就能预测11%的方差是令人赞叹的。

就像我们看到的对于身高的研究那样，在群体层面利用教育成就多基因分数可以获得更强大的预测效果。图13–1显示了当TEDS样本的多基因分数被分成10个各为10%的区间时，它与GCSE分数之间的强相互关系。该图显示，随着教育成就多基因分数增加，平均GCSE分数稳步增加。多基因分数对现实世界的影响可以在极端的条件下观察到。教育成就处于图中最低和最高10%区间的儿童，平均

GCSE分数相差一整个等级。最低10%区间的学生中只有32%上了大学，而最高10%区间的学生中有70%上了大学。

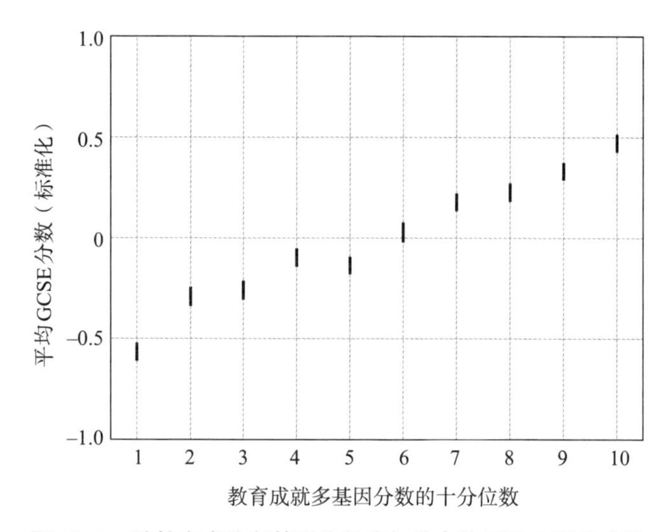

图13–1 随教育成就多基因分数增加的个体平均GCSE分数

注：这些点表示教育成就多基因分数的10个十分位数从低到高，每一个10%区间的个体的平均GCSE分数。贯穿每个点的线是平均值的标准误差，表示预估值有95%的概率会落在这个范围内。

尽管教育成就对群体差异有很强的预测性，但对个体差异的预测并不准确。我们之前已经就身高探讨了这个问题，不过预测群体差异与个体差异之间的区别是非常重要的，因此值得针对学业成就再次进行探讨。图13–2显示了最低和最高10%区间的个体之间GCSE分数的平均差异，还增加了围绕这些组内平均值的个体差异的分布情况。

两组的平均GCSE分数相差很大，如虚线所示，这再次显示了图13–1所示的差异。但是，两组内个体间的GCSE分数差别也很大。两组之间的重叠率为57%。你可以看到，最低多基因分数组中有许多个体，具有比最高多基因分数组中的个体更高的GCSE评分。反之亦然。

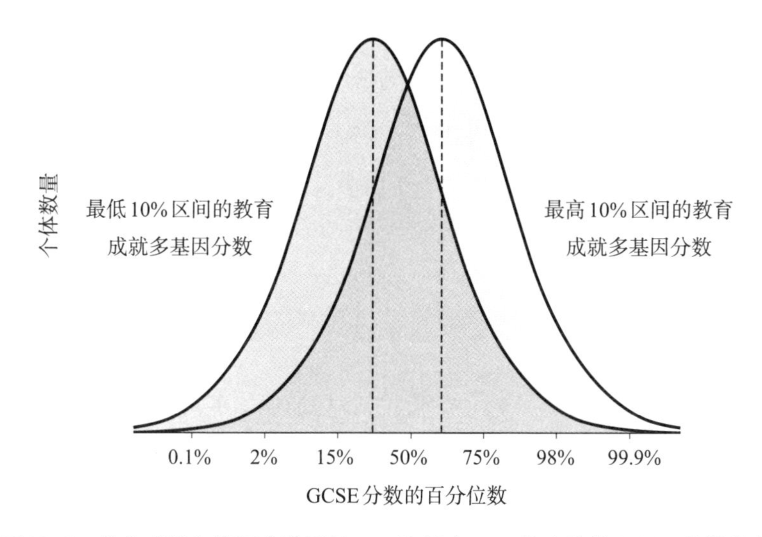

图 13–2 教育成就多基因分数最低 10% 和最高 10% 的个体的 GCSE 分数分布

这个结果再次提醒我们，多基因分数只是概率性的预测因子，就像我们在心理学中使用的所有预测因子一样。这意味着相关系数小于 1。多基因分数可以很好地预测组间的平均结果，例如多基因分数高低有别的组之间，但每组内仍存在着广泛的个体差异。

所以，如果你所知道的仅仅是人们的DNA，你的确可以预测他们的学业成就。教育成就多基因分数已经是心理学中最有效的预测因子之一了。另一方面，所有多基因分数都仅仅是概率性的预测因子，我们需要记住，目标性状的各个多基因分数水平都存在着广泛的个体差异。

这种多基因分数不仅可以用于预测智力和学业成就，还可以预测其他许多心理特征，包括性格和心理健康。原因在于许多心理特征都涉及教育成就，而不仅仅是智力和以前的学业成就。例如，责任心使得学生更有可能坚持下去，尽管接受进一步的教育会面临压力和起起伏伏。正如托马斯·爱迪生所说，天才是1%的灵感加上99%的汗水。情绪稳定也有帮助。由于教育成就取决于几种心理特征，因此教育成就能够预测许多心理特征也就不足为奇了。这也是这种多基因分数在心理学研究领域掀起风暴的第二个原因。

*

目前，我们已经探索了心理学中5种最佳的多基因分数，它们分别针对精神分裂症、双相障碍、重度抑郁、阿尔茨海默病和教育成就。这些心理特征的多基因谱将会描绘一张个体遗传优势和劣势的图谱。这在以前还从来没有实现过，所以图13–3是世界上第一张心理特征的多基因分数谱。它总结了我的多基因分数结果，显示了我在精神分裂症和教育成就方面具有较高的多基因分数，以及我在双相障碍、重度抑郁和阿尔茨海默病方面的分数低于平均值。我的一些其他心理方面的多基因分数结果是中等水平，例如神经质的百分位数在66%，多动症的百分位数在70%，但我不认为这些多基因分数目前足够有效到可以放进我的图谱里。

多基因谱可以包括比这5项更多的心理特征。很快，我们就可以将图谱扩展到另外12种心理特征，包括厌食症、孤独症和注意缺陷多动障碍等发展障碍，特定的认知能力如言语和记忆能力，性格特征如外向和幸福感，以及其他特征如睡眠质量和你是不是早上精力旺盛的人。然而，图13–3中包含的多基因分数是未来几年心理学领域最可能遇到的多基因分数，因为这些特征得益于最大的GWA研究。智力的多基因分数未包括在我的个人图谱中，因为目前通过教育成就多

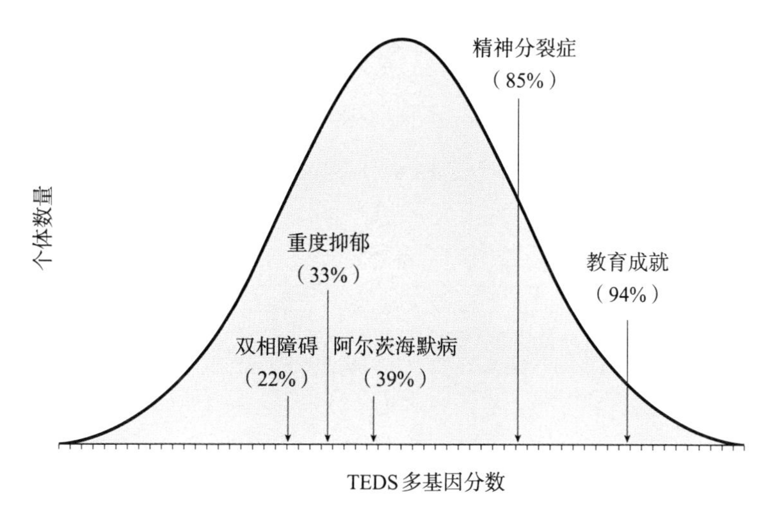

图 13–3　我的心理多基因分数谱

基因分数预测智力效果更好。性格特征的多基因分数也未包括在内，因为到目前为止，它们尚不能解释超过1%的方差。对于所有这些特征，如前所述，我们可以使用多重多基因分数的方法来提高多基因分数的预测能力。但为了简单起见，我选择专注于单个的多基因分数。

尽管存在着这些注意事项，这5个心理学领域DNA革命的先驱者仍是多基因分数的示例。多基因分数本身尚不能用于诊断疾病，尽管它们已经是我们对精神分裂症的最佳预测因子。多基因分数也是针对儿童学业表现的最佳预测因子。

重要的是，要认识到现在还是多基因分数研究的极早期阶段。可以肯定的是，大多数多基因分数的预测能力将在未来几年内翻倍。由于遗传率约为50%，多基因分数仍有很大的空间来提高其预测能力。我对预测能力痴迷的原因是很直接的：多基因分数的预测能力越强，它们对心理学和社会的价值就越大。这就是我们接下来要讨论的主题。

第 14 章

个人基因组学的未来

这本书的开头看起来是一个全新的算命设备的推销宣传。它有望改变我们对自己和生活轨迹的了解。它比其他任何东西（包括家庭背景、父母教养方式和脑部扫描）都更能预测精神分裂症和学业成就等重要特征。它100%可靠，100%稳定，每天不变，年复一年，从出生到死亡，这意味着它可以在受孕或出生时就预测成人特征，和它在成年时进行预测的结果一样。这个设备也是客观无偏见的，不被训练、伪装或焦虑所影响。这款新设备的一次性总成本约为100英镑。

我希望这听起来不只是又一种没有证据支持的流行心理学主张。当然，该设备就是多基因分数，由我们这个时代最好的科学所支持。

多基因分数是终极心理测试，因为它们第一次实现了解读我们的遗传命运。虽然多基因分数只告诉了我们遗传倾向，而不是环境影响，但我们已经看到遗传得来的DNA差异是塑造我们的主要系统性原因。DNA差异占心理特征差异的一半。其余部分受环境影响，但那部分差异大多是随机的，这意味着我们无法预测它或对它做些什么。

尽管多基因分数在过去几年刚刚走上舞台，但它们已经开始改写临床心理学和心理学研究。当我们进入个人基因组学时代时，它们最终会影响我们所有人。

多基因分数的变革性力量来自三种独特的特质。首先，从多基因分数到心理特征的预测是呈因果关系的，这意味着DNA差异会导致心理特征的差异。多基因分数的预测是“相关性并不意味着因果关系”这一规则的例外。在前文中，我们讨论了环境度量被认为是导致心理特征相关性的原因的一些例子，例如：父母读书给孩子听与儿童的阅读能力之间，不良同伴和青少年期的不良行为之间，以及压力与抑郁之间的相关性。在心理学中，X和Y具有相关性可能是因为X导致Y或Y导致X，或者第三个因素导致了X和Y之间的相关性。后天因素的先天性现象的要点在于：遗传就是这第三个因素，它造成了环境度量和心理特征之间的相关性。

反过来，多基因分数和性状之间的相关性只能单向进行因果关系的解释，即从多基因分数到性状。例如，我们已经证明，教育成就多基因分数与儿童的阅读能力相关。这种相关性意味着多基因分数所捕获的遗传得来的DNA差异会导致儿童在学业成就上产生差异，因为在某种意义上我们的大脑、行为或环境中没有任何东西可以改变DNA序列的遗传差异。

通过这样的方式，当两个变量相关时，多基因分数的相关性就消除了通常对于原因及结果的不确定性。但是，多基因分数与心理特征之间的相关性并未告诉我们多基因分数是如何通过大脑、行为或环境等途径影响该特征的。我们需要较长的时间来理解这些途径及它们之间的过程，因为这些过程涉及成千上万的DNA差异，每个差异都具有非常小的效应且具有极高的多效性。值得注意的是，多基因分数可以在不了解这些过程的情况下对心理特征进行预测。

多基因分数的第二个独特优势是，它们可以从出生开始就像长大以后一样进行预测。由于遗传得来的DNA差异会被我们从摇篮带到坟墓，因此一个人的多基因分数在其整个生命过程中是不会改变的。换句话说，如果我们获取自己在婴儿期和成年期的DNA，那么其SNP基因型将是相同的，婴儿期和成年期的多基因分数也是如此。基于这个原因，多基因分数可以在婴儿期就预测出成人特征，和在成年期的预测结果一样。

相比之下，其他因素都不能告诉我们这个婴儿将来是否会获得博士学位或患上精神病。婴儿的心理特征，例如他们的气质和认知发展，对于预测婴儿成年后的情况帮助不大。即使是智力这个最可被预测的心理特征，我们也不能凭借新生儿的特征给出预测。当宝宝两岁时，智力测验仅能预测这个个体年满18岁时智商分数的不到5%的方差。相比之下，多基因分数不仅仅是在两岁时，甚至在出生时就可以预测成年后的智力差异。

多基因分数的第三个独特特征是它们可以预测家庭成员之间的差异。在DNA革命之前，遗传预测仅限于对家族相似性的估测。例如，如果你的一级亲属被诊断患有精神分裂症，那么你患精神分裂症的风险为9%，是人口平均风险（1%）的9倍。这个估测对于一个家庭中的所有孩子都是相同的。但遗传风险对于一个家庭中所有的孩子来说并不相同，因为兄弟姐妹在遗传上有50%的不同（除非他们是同卵双胞胎）。

多基因分数的预测特定于个体，而不是普遍于家庭。这意味着精神分裂症的多基因分数可以表明一个孩子比另一个孩子更容易患病。或者说，如果一个孩子的教育成就多基因分数较高，就可以帮助父母理解为什么这个孩子会更容易适应学校。多基因分数将揭示兄弟姐妹之间广泛的遗传差异。父母和他们孩子之间的多基因分数差异与兄弟姐妹间的差异一样大。孩子只从父母那里遗传到了50%的相似性。

多基因分数的这些独特特征将通过改变我们识别、治疗和认识心理问题的方式来变革临床心理学。具体而言，多基因分数将以5种方式带来变革。

多基因分数头一次让心理学可以根据原因而不是症状来识别问题。在心理学领域，问题开始显现之后，这些问题完全是开始自发显现后依据症状得到识别的。例如，抑郁的诊断是通过询问人们是否有诸如悲伤、绝望和缺乏幸福感等抑郁的症状进行的。学习障碍则是通过认知测试表现不佳来进行诊断的。

没有一个心理问题是根据原因而不是症状确定的。当然，人们可能因为多种原因而感到抑郁，但多基因分数可以预测个体因遗传而沮丧的程度。

多基因分数变革临床心理学的第二种方式是从诊断转向对维度的关注。本书所描述的一个重大发现是，异常是正常的。这意味着从遗传的角度来看，没有定性的疾病，只存在定量的维度差异。这一发现来源于表明心理问题的遗传风险从低风险到高风险连续的研究。没有必要将遗传风险提示归于病理学。这是定量的，是多与少的问题。

多基因分数提供了明确的证据，证明遗传影响是连续的。由于多基因分数汇聚了数千个DNA差异，因此它们完美地形成了正常的钟形分布曲线。即使GWA研究是基于确诊病例与对照组之间的差异，来自这些病例–对照GWA研究的多基因分数也是呈正态分布的。这意味着它们不仅可以预测某人是否有患这种疾病的风险，还可以预测整个分布的变化：从经常或严重抑郁的个体到很少抑郁的个体。多基因分数在整个分布从低到高的20%处的个体，平均抑郁程度低于分数在40%处的个体；而分数在40%处的个体，平均抑郁程度又低于分数在60%处的个体。

异常是正常的，因为我们都有许多DNA差异可以导致任何心理问题的遗传性。我们的风险取决于我们有多少这样的DNA差异。多基因分数将会导致诊断的消失，因为多基因分数表明遗传风险是连续的，而不是简单的是或否。这里需要再次重申：没有需要被诊断的疾病，也没有需要被治愈的疾病。多基因分数将用于对问题进行定量标记，而不是用来决定某人是否患有某种疾病。

多基因分数的第三个变革性影响是将临床心理学从一刀切的治疗转变为个性化治疗。一旦我们发现与基因型相应的治疗，多基因分数就将真正在临床心理学中大展宏图，因为治疗的成功取决于多基因分数。然后我们可以根据多基因分数为个体定制治疗方案。例如，多基因分数谱可用于预测某一抑郁的个体是否会对谈话疗法或药物，或者某种类型的谈话疗法或药物做出更好的反应。

在使用个体基因型选择合适药物的医学研究（称为药物基因组学）中，个性化定制治疗受到了最多的关注。更通俗地说，“精准医疗”或“个性化医疗”是基于遗传信息或其他生物信息来定制医疗保健的模式。它的目标是为个体制定最有效的治疗方案，为那些不会从治疗中受益的人避免无用的开销、可能有的副作用和时间上的浪费。

多基因分数改变临床心理学的第四种方式是将关注点从治疗转向预防。正如本杰明·富兰克林所说，一分预防胜过十分治疗。在心理学和医学方面，我们不得不等待问题发生，再尝试解决它们。许多心理问题，比如酒精依赖和进食障碍，一旦成为严重的问题就难以治愈，部分原因是它们会造成难以修复的额外损伤。在问题发生之前就进行预防，不管是在经济层面还是在心理和社会层面，其成本效益都更具经济性。

预测是预防的必要条件。多基因分数是完善的预警系统，它们可以从出生开始就达到与在成年时进行预测一样好的效果。此外，多基因分数不仅是单纯的生物标志，它们的预测还包含了因果关系。

虽然我们对防止出现心理问题的具体干预措施知之甚少，但多基因分数将有助于对预防的研究，因为多基因分数头一次让我们可以识别有风险的个体。例如，对于抑郁，有些疗法似乎是有效的预防性干预措施。认知行为疗法和健康培训似乎是预防抑郁以及缓解其症状的有效措施。但是，在学校、社区或互联网范围内进行的大规模预防计划的影响很小，并且只是暂时的。我们无法为每个人提供密集且昂贵的预防性干预措施，但如果我们能够针对具有高遗传风险的个体进行干预，那么在个体层面进行干预（例如提供长期的一对一认知行为疗法）将具有成本效益。多基因分数实现了有针对性的预防。

另一个例子是注意缺陷多动障碍。现如今已经有各种尝试，通过给予父母指导并创建基于游戏的教学计划和学前教育计划来预防多动症，但到目前为止成效并不显著。我们可以再次看到，有多少付出才会有多少回报。更加密集也因而更加昂贵的干预措施也许会有更大的成效，但这只有在我们能够识别高风险的儿童时才是可行的。现在我们可以使用多基因分数做到这一点。

多基因分数的第五个变革性特征是它们将促进**正向基因组学**。正如我们所看到的那样，多基因分数总是完美地呈现正态分布，这意味着分布两端的样本量大小相同。临床心理学侧重于分布的负面一端，指向了问题、缺陷和易感性。与之相反，多基因分数激发人们将关注点转移到分布另一端的积极方面，所关注的将是优势而非问题，能力而非缺陷，以及适应力而非易感性。

多基因分数分布的正向一端不应该仅仅被定义为低风险，有可能这种精神病理学多基因分数分布的另一端有其自身的问题。对于多基因分数应避免使用“风险”一词，因为它丢失了多基因分数正态分布所隐含的深层含义。例如，我的双相障碍多基因分数较低可能并不只意味着我患该疾病的风险较低。这可能意味着我情感平淡，不能体验到生活的高潮和低谷。多动症可以作为另一个例子帮助说明，尽管目前没有针对它的多基因分数，但可以预想到的是，较高的多动症多基因分数将预示着冲动和注意力不集中。那么，较低的分数只是意味着冲动和注意力不集中的风险较低吗？它是否预测了相反的问题，比如强迫症？同样地，体重指数多基因分数较低的一端可能不仅预测了对于肥胖的低风险，也标志着对食物的挑剔及因此可能导致的厌食症等进食障碍。

正如这些例子所表明的那样，当涉及疾病的多基因分数时，处于中间的分数可能会优于极低的分数。我的母亲常常提醒我，所有适度的事物都没有效果（母亲确实很重要，但她们不会产生太大的影响）。

我总是更喜欢奥斯卡·王尔德的观点："万物有度，度亦有度。"

因为多基因分数是新事物，所以我们对疾病的多基因分数正态分布的另一端几乎一无所知。除了促进正向基因组学的研究之外，多基因分数不但可以预防疾病，还将促进健康。例如：就认知特征而言，多基因分数将研究的关注点从缺陷转向了能力，包括能力的提升。

临床心理学将因多基因分数的变革而耳目一新。多基因分数关注的是原因而不是症状，是维度而不是确诊，是度身定做而不是一刀切的治疗，是预防而不是治疗，是健康而不是疾病。

多基因分数也将彻底改变心理学研究。40年来，我从后天因素的先天性这一相对重要的基本问题开始，一直在试图了解是什么导致人们在心理上有如此大的差异。研究一致表明，遗传差异解释了个体之间的大部分心理差异，尤其是系统性的心理差异。

在过去的20年里，我希望能够从双胞胎和领养研究的间接性遗传方法转向直接检测个体遗传到的DNA差异。这终于实现了，感觉就像中了个一直没人能赢的、奖金累积了20年的大奖。看到DNA革命如此迅速地变革了心理学研究，非常令人兴奋。多基因分数使得研究人员能够提出超越先天与后天的问题，同时具有更高的精确度和复杂性。它们还将使心理学中的基因研究民主化，使任何研究人员都可以将遗传学纳入他们对任何样本的任何问题的研究，只要他们收集DNA信息即可。这些研究不再需要双胞胎和被领养者等特殊的"入场券"。

有一组问题是关于发育的。从GWA成人研究中得出的多基因分数，例如精神分裂症或教育程度的多基因分数，可以从出生时就预测成人患精神分裂症的风险或教育成就，与在成年后进行预测的效果一样。但是，多基因分数可以多早地预测发育过程中儿童行为的差异呢？针对父母一方被诊断为精神分裂症从而具有遗传风险的儿童所进行的研究，未能在青春期之前找到精神分裂症的任何生理或心理标志。然而，多基因分数将提供比家庭风险更高的分辨率，以便在发育早期就可以发现可能需要进行干预和预防的问题。

对于教育成就，我们已经看到，对成人受教育年限的GWA研究所产生的多基因分数可以预测16岁时学业成就测试中9%的方差。这种多基因分数在多早的时候就可以预测儿童的学业成就呢？我们在TEDS中发现，教育成就多基因分数预测了12岁时中学学业成就5%的方差，甚至能预测7岁时小学学业成就3%的方差。

我发现从分析成人受教育年限这一粗略变量的GWA研究所得出的多基因分数，即使在早期学年也可以预测儿童的学业成就，这真的令人难以置信。这些结果意味着，如果我们今后进行针对儿童学业成就的GWA研究，就可以产生能够多预测几倍方差的多基因分数，尽管尚未有此类GWA研究被报道。

第二组问题来自全能基因的重大发现。也就是说，影响精神分裂症和双相障碍的并不是两组不同的基因。双胞胎研究表明有许多相同的基因同时影响了这两种症状。类似的全能基因现象也被发现存在于其他明显不同的认知能力之间，例如言语能力和记忆力之间。多基因分数将会促进多变量研究，因为一旦获得SNP基因型，就能够很容易地产生数十个多基因分数。

精神病基因组学联盟的GWA研究发现精神分裂症、重度抑郁和双相障碍之间的遗传相关系数大于0.5，这一结果在我们的TEDS中也得到了重复。目前研究遇到的一个令人兴奋的新挑战是了解精神病理的普适遗传因素是什么，它是如何发展的，以及它对治疗和预防的意义。

教育成就多基因分数已经显示出它在不同心理特征上的普遍影响。正如我们所看到的，它预测了成人受教育年限这一目标特征4%的方差，而且它能够预测其他特征更多的方差，例如测试的学业成就（9%）、智力（5%）、阅读理解能力和效率（5%）。教育成就多基因分数的效应来自其较大的GWA样本量，它对智力和阅读表现的预测能力则是出于基因的全能性。这两个因素结合起来，就是它能预测的智力方差比专门针对智力的GWA研究更多的原因。

虽然看到遗传效应对心理疾病和心智能力的普遍影响令人惊讶，但对于每种性状当然还是存在特异的遗传效应的，例如精神分裂症或阅读所特有的SNP。今后研究的一个重要方向是，与研究全能基因相对应地创建性状特异性多基因分数。性状特异性多基因分数可能更适合用于特定性状的干预和预防。

第三组问题有关先天与后天之间的相互作用。双胞胎研究的重大发现可以概括为后天因素的先天性，即发现遗传对生活事件、父母教养和同龄人等环境度量的影响。由于遗传影响环境度量及心理度量，因此遗传也部分程度地造成了环境度量和心理度量之间的相关性。

多基因分数可用于确定遗传对环境度量方差的影响，以及环境度量与心理度量的协方差。它们还可以控制遗传影响，从而研究更纯粹的环境影响。例如，在将家庭环境与儿童认知发展相关联的研究中，这种相关性可以通过教育成就多基因分数进行校正，从而部分控制遗传影响。

多基因分数还可以用于研究家庭之间而不是家庭内部的先天与后

天之间的相互作用。也就是说，双胞胎研究只能关注同一个家庭中孩子之间的不同经历，例如他们的父母是否偏爱某一个孩子。这种对家庭内部差异的关注忽略了这个家庭的父母与其他父母相比爱的程度有何差异，即家庭之间而不是家庭内的差异。换句话说，即使这个家庭的父母对某一个孩子更偏爱，但与其他父母相比，这对父母可能对每个孩子爱得都不是那么深。

与双胞胎分析不同，孩子的多基因分数可用于调查家庭之间以及家庭内的后天因素的先天性。例如，儿童学业成就的最佳环境预测因子之一是社会经济地位，这本质上是一种家庭间的衡量。也就是说，一个家庭内的孩子显然具有相同的社会经济地位。那么双胞胎研究在这里变得没有意义，因为一个家庭中的双胞胎具有相同的社会经济地位。同卵和异卵双胞胎的相关系数都将为1，因为家庭内部没有差异。因此遗传率为0，他们共享的环境影响将为100%。

虽然社会经济地位通常被认为是纯粹的环境度量，但对后天因素的先天性的发现使得我们应该预期到，遗传会影响任何环境度量。此外，父母的社会经济地位的主要组成部分是他们的受教育年限。因此，当我们发现教育成就多基因分数与父母的社会经济地位相关时，这就不足为奇了。

另一个转折点是，孩子自己的教育成就多基因分数几乎与其父母的社会经济地位具有同等相关性。更重要的是，它也占家庭社会经济地位与儿童学业成就之间相关性的一半，这意味着相关性是由遗传介导的。除非你认为社会经济地位是纯粹的环境变量，这些结果才会令你感到惊讶。

教育成就多基因分数也调控了其他环境预测因子与学业成就之间

的相关性。例如，母乳喂养与孩子的学业成就呈正相关，观看电视节目则呈负相关。我们已经证明，教育成就多基因分数在很大程度上解释了这两种环境指标与儿童学业成就之间的相关性，这再次表明这种相关性在一定程度上受遗传介导。

这些都是后天因素具有先天性的DNA实例，也是使用多基因分数对这一类型进行的首批研究。双胞胎研究的证据表明，遗传影响占环境度量方差的1/3左右。这种现象被称为基因型–环境相关性，因为它真的就是字面所描述的意思：基因型（在这种情况下指特定的多基因分数）与环境之间存在相关性。基因型–环境相关性提出了一种新的思考经历的方式，即基因如何利用环境来达到它们的目的。基因型–环境相关性为基因型如何成为表型提供了模型。也就是说，我们如何选择、修改和创建与我们的遗传倾向相关的环境。

基因和环境之间的另一种相互作用听起来似乎相似，但实际上是非常不同的。这种基因型–环境相互作用不是指基因和环境之间的相关性，而是它们的相互作用。也就是说，环境的影响是否取决于个人的基因型？例如，被霸凌这种影响是否取决于孩子的基因型？基因型–环境相互作用是针对不同人的不同作用。它是精准心理学的精髓，旨在为个人度身定制治疗方案，而不是依赖于一刀切的方法。在教育方面，这是个性化学习的核心。

渴望找到基因型–环境相互作用导致早期研究发现了候选基因和环境之间的相互作用，因为它们能够影响心理特征。最早和最著名的基因型–环境相互作用研究报道了以下这种相互作用方式：候选基因与反社会行为的关联仅出现在儿童期遭受严重虐待的个体中。目前，候选基因和心理特征之间的许多其他相互作用也相继被报道，但大多数结果没能被重复验证。多基因分数将重新激发对基因型–环境相互作用的探索。

*

多基因分数对于研究发育、特征之间的联系和基因型–环境相互作用等传统问题将会非常有价值。但是，多基因分数最激动人心的方面是它们为全新的、令人意想不到的研究方向所提供的潜力。我将从我的团队目前进行的研究中举三个例子。如果没有教育成就多基因分数，这些工作都无法得以开展。

第一个例子看起来令人震惊：英国私立学校和文法学校学生的教育成就多基因分数显著地高于综合学校的学生。在英国，私立学校是由私人资助的，文法学校则由国家资助，它们的共同点是都可以选拔学生。综合学校也由国家资助，但不允许选拔学生。

在私立学校和文法学校就读的学生的DNA与综合学校的学生有什么不同呢？如果你回忆一下双胞胎早期发育研究的结果，答案就不足为奇了。该研究表明，选择性中学的学生平均而言比非选择性中学的学生能够取得更好的GCSE成绩，仅仅是因为选择性学校可以选拔更有可能获得好的分数的学生，而不是因为这些选择性学校本身为学生提供了更好的教育。选择性学校根据之前在小学的学业成绩和标准化的智力测验选择学生，因此这些学生在中学做得更好仅是一种可被预期的自我实现。

在控制这些选择因素后，成绩就没有差异了。那些用以选择学生的因素（主要是以前的成绩和智力）基本上是可遗传的。因此，选择性和非选择性学校的学生之间GCSE成绩的差异是可遗传的也并不奇怪。这也反映在我们的发现中，与非选择性学校相比，选择性学校的学生的平均教育成就多基因分数更高。

关于遗传研究中后天因素的先天性这一重大发现，这是另一个例子。私立与公立学校被认为是一个环境因素，但不同学校学生在学业成就上的差异实际来源于遗传。也就是说，孩子们申请并被选择性学校所接收是出于遗传的原因。

这对于父母来说是一个启示：如果你花费巨额资金将孩子送到私立学校只是因为你认为这会提高他们的学业成就，那这么做也许并不值得。即使你接受私立学校对孩子学业成就的影响并没有什么不同，你可能也会认为私立学校提升了孩子其他方面的机会，例如：去更好的大学，获得更好的职业选择以及赚取更高的薪水。确实可能会存在这些结果上的差异，但它们也在很大程度上归因于学生已有的特征，这意味着如果这些孩子没有去读私立学校，他们也会做得很好。虽然这些结论可能并不容易被接受，但是它们遵从本书的发现，即由遗传得来的DNA差异是造就我们的主要系统性力量。

新的研究方向的第二个例子涉及“教育的代际流动”，特别是孩子能不能有平等的机会接受高等教育，无论他们的父母是否接受过高等教育。孩子是否能上大学的最佳预测因子是他们的父母是否上过大学，这种联系被广泛认为源于环境因素，因此被认为是教育的不流动性和缺乏平等性的标志。换句话说，受过大学教育的父母被认为将环境特权传递给子女，造成教育机会的不平等，并扼杀了教育的代际流动性。父母成就和子女成就之间的这种联系被用在不同国家之间进行比较，作为教育不平等和缺乏社会流动性的指标。

然而，我们在这里谈论的是父母与后代教育成就的相似之处。我希望通过本书的描述，此刻你会发现，奇怪的是人们认为父母与后代的相似性由环境造成，而且没有考虑过可能的遗传影响。利用TEDS数据，我们发现DNA差异是这种亲代–后代相似性的基础。也就是说，当父母和子女都上大学时，儿童的教育成就多基因分数最高；而当父母和子女都没有上大学时，他们的教育成就多基因分数最低。发现遗传对亲代–后代教育成就相似性的影响并不令人惊讶。大量研究表明，教育成就是可遗传的。实际上，受教育年限本就是生成教育成就多基因分数的GWA研究的目标特征。

这些研究结果的新颖之处在于，遗传推动了父母与子女之间教育结果的差异，而不仅仅是相似之处。这是流动性的一个关键指标。我们研究了向上流动的孩子的多基因分数，也就是那些父母没有上过大学但他们上了大学的孩子。我们发现这些向上流动的孩子的教育成就多基因分数高于那些像父母一样没有上大学的孩子。换句话说，只要有流动性，遗传就会使得出生在社会弱势家庭中的一些孩子有机会克服其背景的限制。无论父母的多基因分数落在正态分布的何处，他们孩子的教育成就多基因分数都有一个很大的范围空间。社会流动性意味着具有学业成绩良好的遗传倾向的孩子，将有机会尽其所能地发挥实力，无论他们的环境背景如何。

向下流动性也受遗传因素控制。如果孩子的教育成就多基因分数较低，即使他的父母上过大学，孩子上大学的可能性也较小。发现遗传对向下流动性和向上流动性的影响很重要，因为它是防止遗传种姓产生的第一步。

我们的双胞胎分析通过显示遗传对向上和向下流动性的影响，支持了这些多基因分数的结果。同卵双胞胎比异卵双胞胎更容易具有向上或向下流动的一致性。这些分析表明，遗传影响占向上和向下流动性的个体差异的一半左右。

总体而言，这些研究结果将转变当前对社会流动性和教育机会的思考。亲代-后代教育成就相似性主要反映了遗传影响，而不是环境的不平等。这是对第9章所讨论的内容得出的结论，即遗传性（在这种情况下是亲代-后代相似性）是机会均等的一个指标。更大程度地减少特权、财富和歧视的环境性不平等，将导致教育结果具有更高的遗传率。

对于那些没有受过大学教育并且看到了自己孩子在智力方面优势的父母来说，向上的流动性可能是一个惊喜。对于我的父母来说，情况确实如此。他们没有上过大学，并着实为我所获得的成就感到高兴和自豪。相反地，受过大学教育的父母难以接受自己的子女向下的流动性。多基因分数可能有助于这些父母认识到，儿童对高等教育缺乏兴趣并不一定是不听话或懒惰的表现。可能只是出于遗传的原因，孩子对高等教育没有兴趣。

值得重申的是，遗传学应该促进对个体差异的认可和尊重。遗传影响并不意味着这些是你无法改变的固有规划。但是，如果有可能，遵从遗传而不是和它对抗似乎更为合理。以大学教育为例，父母可以拼尽全力地对抗孩子的遗传倾向，从而让他们进入大学。但如果高等教育不适合他们，这可能需要付出更多的代价。

第三个也是最后一个新的研究方向涉及重大社会变迁之后遗传率的变化。这里需要提醒一下，遗传率描述了特定时期特定人群中DNA差异和环境差异的相对影响。就像均值、方差和相关系数等所有描述性统计数据一样，遗传率将随着人群的变化而变化。

其中一种变化在本书前文关于精英统治的讨论中有所涉及。遗传率被视为通过奖励天赋和努力来获得机会均等的精英价值观得以体现的指标，而不是奖励受环境驱动的特权。天赋和努力受遗传因素的影响很大。这表明，随着一个国家变得更加精英化，社会经济地位应该具有更高的遗传率。随着环境驱动的差异减少，遗传差异导致了社会经济地位余下的更多差异。

爱沙尼亚提供了一个机会来检验这一假说，即教育成就和职业地位的遗传率随着精英统治的增强而增加。1991年，随着苏联解体，爱沙尼亚变得独立，迅速摆脱了苏联的政治化奖励制度，转而对个人教育和职业进行更加精英化的选拔。如果更强的精英统治导致社会经济地位具有更高的遗传率，那么我们可以预测，在爱沙尼亚独立后教育成就多基因分数与社会经济地位的关联将会更强。

正如在科学研究中经常发生的那样，一些偶然的事件促成了对这一假说的验证。首先，爱沙尼亚一直处于DNA革命及其他技术进步的前沿。塔尔图大学的爱沙尼亚基因组中心创建了一个数据库，其中包括超过5万名爱沙尼亚人的DNA、SNP芯片基因型及大量其他数据，这些人占了成年人口的5%。他们现在又增加了10万名参与者。第二个偶然因素是我的一个研究生来自爱沙尼亚，她促成了这项使我们能够验证这一假说的合作。

我们的研究结果极大程度地确认了这一假说。教育成就多基因分数在后苏联时代能够预测教育成就和职业地位两倍于原来的方差。对于女性来说，职业地位的遗传影响增加尤为明显。这是有道理的，因为女性在精英制度中获益最多。

这一发现是遗传率被视为机会均等和精英统治的指标的另一个例子。

*

多基因分数已经完成了在心理学领域令人印象深刻的亮相，并成为精神分裂症和学业成就的最佳预测指标。前面还有很长的路要走，直到它们能够充分发挥出预测心理特征所有 50% 可遗传方差的潜力。考虑到这个领域的研究进展迅速，似乎可以相信我们最终会得到能够预测所有心理特征的大量方差的多基因分数，包括对心理健康和疾病、心智能力和缺陷、性格以及态度和兴趣等其他特征的预测。多基因分数将是这些特征的最佳预测因子，因为遗传得来的 DNA 差异是塑造我们的主要系统性力量。

尽管它们还比较新，但多基因分数已经在普遍地改变着临床心理学和心理学研究。在本书的最后，我想推测当我们进入个人基因组学时代时，当再过几年我们拥有更多更强大的心理特征多基因分数时，多基因分数将如何影响我们所有人。我必须事先承认，我在猜测未来会发生什么以及为什么会发生这种情况，其中一些猜测将会引起很大的争议。这些事的发生对我来说毫无影响，我只是将它们作为需要讨论的问题在这里提出来。

多基因分数的公共来源将是直接面向消费者的公司，这些公司估计很快就会将多基因分数谱添加到它们目前向数百万人提供的关于单基因分型和祖先起源的数据中。我的心理学多基因分数表明了这些信息对自我认知的帮助，以及在个体水平进行预测所具有的局限性。自我认知是相对良性的，尽管这也引发了如前所述的一些担忧。

然而，自我认知只是心理学多基因分数的浅显应用。其他的应用方式无论是在心理上还是道德上都更令人烦恼。例如，父母很快就能获取他们孩子的多基因分数（甚至有可能就在孩子刚刚出生时），从而告诉他们孩子的遗传命运。我认为许多父母只是出于好奇心而有动力去做这件事，这是对自我认知的一种延伸，尽管已经有人提出了关于侵犯儿童隐私和可能由于被贴上标签而导致的对自我实现的预言的担忧。虽然父母对孩子未来的好奇心看起来可能是无聊的甚至是危险的，但父母也可以通过了解孩子的个性（例如他们的优缺点、性格和兴趣）而受益。这些信息可能有助于父母尽量强化孩子的优势并克服他们的不足。

作为基因组学公司“23andMe”的创始人，安妮·沃西基也许不是一名不带主观偏见的评论者。她认为父母有责任用孩子的基因蓝图武装自己，而她的公司能够让父母更容易地为子女及自己获取基因组信息。有很多例子说明多基因分数信息如何有助于干预及预防问题，或者至少先对问题进行预警。例如，多基因分数将能够预测阅读障碍。通过预测孩子可能有学习阅读方面的问题，而不是直到孩子上学之后在阅读方面出现困难时才发现问题，父母可以有机会提前进行干预以避免问题。至少阅读障碍方面较高的多基因分数会提醒家长，他们的孩子在学习阅读时可能需要额外的帮助。此外，大多数有阅读障碍的孩子在早期也存在语言方面的问题，因此父母可能会在孩子开始学习阅读之前就进行干预，从而促进对语言的学习。

关于使用多基因分数让孩子们生活得更好，我们还可以想到许多其他的例子。对于那些多基因分数表明可能容易患抑郁的孩子，我们可以帮助他们使用认知行为治疗策略，例如避免对问题穷思竭虑，并将困难分解成更小的问题从而使得他们能够更积极地解决困难。就性格而言，父母也可以采取一些常识性的举措。知道孩子能量充足、活力四射，可以让父母有意识地创造一些契机消耗掉孩子的部分能量。对于害羞的孩子来说，父母也能够帮助他们缓和与陌生人接触的紧张感。

对于许多人来说，最令人担忧的前景是父母可能会使用多基因分数来选择具有最佳多基因分数谱的胚胎。人们一直担心“设计婴儿”的可能性。当通过体外受精这类辅助生殖技术产生几个可存活的胚胎时，有可能需要做出这种决定。一对夫妇似乎不太可能仅仅为了根据心理学多基因分数谱选择胚胎，就经历体外受精这样折磨人的过程。更有可能的情况是，一对夫妇出于医学原因而接受体外受精，例如：当这对夫妇很难自然受孕，或者都是单基因隐性疾病的致病基因携带者时，他们需要对胚胎进行基因筛查。一个典型的道德难题是：如果你有几个存活率一样的胚胎，但你只能植入一个，你会怎么做？如果我们必须做出这样的选择，那么没有单基因疾病缺陷的胚胎似乎是显而易见的选择。如果还有进一步的选择，你会看一下身体、生理和心理的多基因分数谱吗？

多基因分数谱可能在生命周期的更早期就产生影响，比如在下一代出生之前——选择配偶的时候。遗传选择已经发生在单基因水平上，使一对夫妇有可能发现他们是否是数千种单基因隐性疾病中任何一种的携带者。如果他们都是携带者，这意味着他们的孩子有25%的概率会患有这种疾病。对于未婚夫妇来说，可以考虑进行携带者筛查。因为虽然这些单基因疾病很罕见，但相关基因携带者很常见。例如，苯丙酮尿症就是一种单基因隐性疾病。该疾病如果未经治疗，将会导致严重的智力缺陷。这仅仅会发生在万分之一的人中，但我们每50个人就有一个是该隐性基因的携带者。因此，一对夫妇很可能是数千种单基因疾病中某一种的携带者。他们可能决定不要孩子，从而避免风险。如果他们已经有了会受影响的孩子，也可以被预先告知他们可能将面临的问题。他们也可以考虑其他选择，例如进行体外受精，从而筛查那1/4的可能性。

虽然这听起来有点儿不可思议甚至是反乌托邦的，但交友网站有可能会扩展他们的数据以包括多基因分数。随着多基因分数研究取得进展，那些交友网站上的信息可能会增加描述常见心理特征的多基因分数，例如心理健康、智力、收入潜力、事业心、身体健康状况、性格特征和人际关系，甚至是良好的幽默感。与交友网站的不实宣传不同，多基因分数信息可通过密码保护链接直接指向提供该得分的面向消费者的测序公司，从而得到核实和验证。然而，对配偶选择具有更大的控制权是否就会提升一对夫妇的长远前景，仍有待观察。

这些潜在的应用都涉及我们个人使用自己的基因组数据。如果其他人使用我们的基因组数据会怎样呢？在医学上，这是可以接受的。事实上，它就是精准医疗的目标。但是，如果心理学多基因分数成为教育和就业选择过程的一部分呢？这将是许多人的噩梦。1997年的影片《千钧一发》就反映了一个公众意识中反乌托邦视角的世界。依据DNA，这个世界被分为具有理想基因组并具有统治权的“优良基因人”和作为遗传上的下层阶级的“不良基因人”。《千钧一发》将世界依据DNA一分为二成“优良基因人”和“不良基因人”的视角，忽略了多基因分数总是完美地呈现正态分布：它们是维度的，不是二分的。我们大多数人都处在正态分布的中段。

然而,《千钧一发》这部影片触到了痛处，因为它警告了我们某些国家掌握遗传信息的危险性。但还有另一种方式看待它，特别是对于那些支持精英统治的社会。我们已经在利用心理测试选拔人才进行教育，并在较低程度上作为就业选择的标准。如果我们要选拔人才，多基因分数的预测能力可以作为我们已经从测试中所获得的信息的补充。除了它们的预测能力之外，与我们目前用于进行人才选拔的测试相比，多基因分数更加客观，没有造假和事先培训的可能性——因为你不可能伪造或训练你的DNA。

在人才选拔的背景下，多基因分数的可用性是一个经验性的问题，尽管效用仍不能解决道德问题，这一点我将在稍后讨论。我们已经看到，即使在研究的早期阶段，多基因分数也可以有效地对测试分数进行补充，以预测中学和大学阶段的成绩。多基因分数对于挑选出那些原本处于弱势群体，有可能会丧失高等教育机会的儿童尤为有用。 多基因分数可能带来的另一个好处是，可以通过多基因分数所预测出的潜在表现与孩子实际表现之间的差异，判断孩子是表现不佳还是已经超越自我。更通俗地说，多基因分数是个性化学习的关键。因为它们可以预测学生的优势和劣势，这提供了尽早预防问题和进一步提升潜力的可能性。

对于就业目标的选择，同样的多基因分数可以增加多少对职业成功的预测也是一个经验性问题。多基因分数似乎可能有所帮助，因为测试和面谈在预测职业成功方面的效果非常差，只能预测百分之几的方差。在考虑到能够预测特定职业成功的优势和劣势模式后，心理学多基因分数谱可能会特别有用。与交友网站的例子类似，直接导向面向消费者的测序公司的密码保护链接，可以提供一组与一般职业选择相关的、经过认证的多基因分数，以及与特定工作相关的不同多基因分数集。

尽管这些可能性看起来也许有一些可怕，但我预测它们最终还是会实现。鉴于《千钧一发》中所担忧的问题，让我们更详细地讨论一下新生儿遗传筛查这个令人讨厌的东西。尽管新生儿无法提供本人知情同意，但我们其实已经对新生儿进行了数十年的遗传筛查，这在大多数国家都是强制性的。最初筛查新生儿的原因是苯丙酮尿症，这是一种单基因疾病，会导致大约万分之一的婴儿出现严重的智力缺陷，占社会福利机构中智力缺陷人群的1%。

苯丙酮尿症涉及一个分解苯丙氨酸的基因的突变。苯丙氨酸是一种必需氨基酸，它是蛋白质的组成元件。我们的身体不能自己合成苯丙氨酸。我们通过摄取许多富含蛋白质的食物来获取它，最初是从母乳中，之后是从肉和奶酪中。要利用苯丙氨酸，我们就需要代谢它。患有苯丙酮尿症的个体具有一种功能缺陷的酶，会导致未加工的苯丙氨酸积聚，从而损害正在发育的大脑。如果未经治疗，苯丙酮尿症相关基因突变会导致严重的认知障碍。超过80%的未经治疗的苯丙酮尿症患者需要被24小时监护，有70%的患者无法进行语言交流。

40年来，世界各地的新生儿通过足跟血筛查苯丙酮尿症。这种快速而廉价的检测方法称为格思里试验，通过检测基因的蛋白质产物来探寻苯丙酮尿症的迹象。之所以对新生儿进行这种罕见的遗传疾病筛查，是因为我们用一种无须太多技术含量并且廉价的干预措施就能够预防苯丙酮尿症的最坏影响。但是，只有在生命早期开始时进行干预，才能有效避免疾病。患有苯丙酮尿症的儿童不能代谢苯丙氨酸，导致苯丙氨酸累积并损害正在发育的大脑，因此一个简单的解决方案是用低苯丙氨酸含量的饮食来限制苯丙氨酸的摄入。

是否决定进行筛选取决于收益与成本的比率。苯丙酮尿症的收益成本比如此之大，没有理由不对它进行筛选。与父母的心理代价和终身护理给社会带来的经济代价相比，筛查成本可以忽略不计。与之形成鲜明对比的是，苯丙酮尿症的低技术含量、低成本饮食干预方法使得原本可能无望医治的病患过上几乎正常的生活。

目前，还没有其他遗传学的故事可以像苯丙酮尿症的干预这样有着如此美好的结局。尽管如此，新生儿现在已经同时接受了其他数十种单基因疾病的筛查，包括囊性纤维化和先天性甲状腺功能减退症。我想表述的重点是，我们长期以来一直在进行着新生儿遗传性疾病的筛查。所以，这根本不是我们是否应该做的问题，而是我们应该做到什么程度的问题。为什么只筛选一些基因突变，而不是数千种已知的单基因疾病？为什么不通过获得多基因分数来预测一些常见问题，包括心理问题？使用SNP芯片或者更好的全基因组测序方法，其成本与单独筛查一些基因突变大致相同。

心理学多基因分数的使用和滥用同样归结为成本效益分析，这其中不但包括医学和经济层面的成本与收益，也包括心理层面的。这些分析的复杂性在于考虑的视角是基于儿童、父母还是社会，它们会产生不同的结果。此外，这些成本效益分析存在个体差异，因为人们对知道与不知道自己遗传的未来成本和收益的看法不同。个人基因组学的成本已经得到了广泛讨论，特别是关于单基因医学疾病的，其中包括对隐私、歧视、污名化和设计婴儿的担忧。另一个问题是了解基因组对情感的影响，因为这不仅涉及同意注册并获取多基因分数的人，还包括那些遗传信息与其相关但并不愿意注册的亲属。

从对人类基因组进行测序的人类基因组计划开始之时起，一个明智之举就是使用经费预算的一部分资助关于项目的伦理、法律和社会影响（ELSI）的研究。ELSI项目在单基因导致的医学疾病层面上解决了许多这样的问题，例如：使用遗传信息时的隐私和公平，将基因检测纳入临床环境，围绕遗传研究的设计和实施而来的伦理问题，以及对基因组研究所产生的复杂问题的专业理解和公众理解。

我希望这些个人基因组学成本的棘手问题将在单基因医学疾病这个水平上得到解决。当涉及常见心理疾病和维度的多基因分数时，这些问题并不严重，因为多基因分数本质上是概率性的而不是确定性的。

我的总体观点是多基因分数代表了一项重大的科学进步，并且像所有的科学进步一样，它们可以被用于好的方面，也可以被用于坏的方面。我强调了它们在心理学和社会方面的良好潜力，它们可以作为解决经常渗透到个人基因组学讨论中的反乌托邦式黯淡前景设想的一剂良药，起到矫正作用。我们需要讨论它们的优点和缺点，以便最大化利益并最大限度地减少代价，因为DNA革命是势不可当的。虽然仍有许多心理和道德方面的问题需要考虑，但已经有数百万人付费了解了他们的基因组，这甚至在多基因分数可用之前就已经开始了。基因组学已经出现了。互联网使信息民主化到了一定程度，以至于人们不会容忍妨碍他们了解自己基因组的独断规则。基因组精灵已经被从瓶子里放出来了，不管我们再怎么努力，也无法将其重新塞回去了。

结语

在发现DNA结构60多年后以及实现人类基因组测序15年后，DNA已经进入了心理学领域。在本书中，我们追溯了心理学从遗传学到基因组学的历程。沿途的第一站是认识到DNA是塑造我们的最重要的因素。遗传得来的DNA差异是人类个性化的本质。在过去的一个世纪里，基于双胞胎和领养的研究取得了大量证据，证实了遗传得来的DNA差异的重要性。这些DNA差异解释了我们之间50%的差异，不仅体现在我们的身体差异上，而且体现在我们的思想上——关于心理健康和疾病、性格、认知能力和认知缺陷。能够解释这些复杂特征的50%方差，这与心理学中的任何其他影响的效应量相比都是天壤之别（其他影响很少能解释5%的方差，更不用说50%）。

紧接着，遗传研究人员不仅证明了遗传性，还提出了更多有趣的问题。遗传影响在发育过程中如何发展？正常和异常发育之间是否存在着遗传联系？不同的基因会影响不同的维度和疾病吗？其中的两个最引人入胜的问题有关后天而不是先天。像双胞胎和领养研究这样的对遗传影响敏感的设计，可以首次实现在控制遗传影响的同时研究环境影响。

这项研究得出了心理学方面的 5 项最重大的发现。在对遗传影响敏感的设计中研究环境度量带来了第一项发现：心理学中使用的大多数环境度量都显示出显著的遗传影响。“环境”度量和心理特征之间的相关性看起来是环境效应，但实际上是遗传效应。

第二项有关发育。遗传率在整个生命周期中会逐渐增加，特别是对于智力来说。第三项发现是关于正常和异常行为之间显著的遗传联系。遗传联系非常强大，使得这项研究的标语成了“异常是正常的”。第四项发现是关于所谓的不同性状之间的强大遗传联系，这表明遗传效应对各种特征具有普遍性，而不是特定于某个特征。第五项发现在控制遗传因素的同时研究环境影响，揭示了环境影响使得在同一个家庭中成长的孩子之间与在不同家庭培养的孩子之间一样不同。

这些发现使人们对“什么塑造了我们”这一问题产生了新的观点。遗传解释了我们之间的大部分系统差异，DNA是塑造我们的蓝图。环境影响也很重要，但它们不系统化也不稳定，因此我们无法对它们进行控制。此外，那些看起来像是系统性环境影响的，通常是由于我们选择了与我们的遗传倾向相关的环境。总之，这些研究结果表明，父母教养、教育和生活经历并没有对心理特征产生影响，即使它们非常重要也是如此。这些发现也意味着对机会均等和精英统治的一种新的思考方式，其中教育成就、职业地位和收入的较高遗传率是较大的平等机会和精英统治的指标。

正当这些发现的步伐开始放缓时，DNA革命随之而来。鉴定人类基因组DNA双螺旋结构中所有的30亿个碱基对，揭示了数百万个可遗传的DNA差异。利用SNP芯片，可以快速且廉价地对个体的数十万个SNP进行基因分型。

通过跨基因组选择SNP并构建SNP芯片，我们能够进行全基因组关联（GWA）研究。GWA研究已成为生物学、医学科学及心理学的变革者。经过一些尝试和失败之后，GWA研究人员首次取得了关于可遗传的DNA差异的巨大发现。对于复杂维度和常见疾病，包括目前研究的所有心理特征，SNP所能达到的最大影响效应非常小。这就解释了为什么一开始GWA研究很难找到与复杂性状有关联的SNP。只有当GWA研究达到诸如精神分裂症等疾病研究所用的成千上万病例的样本量，或达到研究教育结果等维度变化的数十万个未被选择的个体这样的样本量时，才能看到这些微小的效应。当GWA研究满足了对统计效果的这些令人生畏的要求时，它们终于找到了金子。

但是，GWA研究所发现的还是金粉，而不是金块。每一粒金粉并不值钱，但挖出足够多的金粉就使得我们有可能预测个体的遗传倾向。当然，一些杂质也被舀起来了，但是没关系，只要我们能够不断地获得更多的黄金就行。这些多基因分数标志着心理学领域中个人基因组学的开始，我们的未来可以被遗传所预测。

第一波多基因分数由GWA研究中的数万个SNP关联组成，可以预测身高17%的方差，体重6%的方差，学业成就11%的方差，智力7%的方差，以及精神分裂症7%的可信度方差。多基因分数已经是我们对精神分裂症和学业成就的最佳预测因子了。最重要的是，与其他任何预测因子不同，多基因分数从出生开始就能进行预测，并且它们的预测是有因果关系的，因为没有任何因素可以改变遗传得来的DNA差异。

一波又一波的多基因分数研究正在进行中，每一波都使我们接近更高的水位线，从而鉴定出所有负责遗传率的DNA差异。目前，潮水远没有达到遗传率的高水位，部分原因是金粉太小，很难被找到。尽管如此，当你读到这本书时，后浪推前浪，多基因分数的预测能力将远远超过本书中所描述的内容。

在多基因分数出现之前，遗传研究向我们表明遗传性对于心理特征而言是显著的和普遍存在的，但这只是不能转化为个体遗传预测的一般性陈述。现在，多基因分数正在变革着临床心理学和心理学研究，因为基因组中的DNA差异可用于预测我们每个人的心理特征。

毫无疑问，这些发现及它们的一些解释将是有争议的。人们担心变化，而多基因分数将带来一些有史以来最大的变化，因为DNA革命在多基因分数带来的浪潮中席卷了心理学领域。虽然我们谈到了一些对这个新领域的应用和影响的担忧，但我对这些变化依然感到兴奋，因为它们充满了正面的潜力。况且，如果我们对它们保持警觉，就可以避免某些危害。

现在是时候开展更广泛的公众对话，讨论DNA革命在心理学中的应用和影响了，因为它会影响我们所有人。我写这本书的主要原因是促进这种讨论并提供我们所需的DNA知识，以便武装我们的大脑，进而解决这些复杂的问题。遗传太重要了，不能只依靠遗传学家。

致谢

因为这本书是我 45 年职业生涯的巅峰，所以我很希望借此机会感谢在我的职业生涯和研究过程中给予我帮助的同事、学生和朋友。但是他们有数百人之多，所以我只能期望他们知道我要感谢的是谁，以及他们对我来说有多重要。在此，我要特别感谢两位在我撰写本书时提供重要帮助的人。企鹅出版社的编辑劳拉·斯蒂克尼（Laura Stickney）就原始手稿做了大量编辑工作，并对修订后的手稿进行了调整。这对我来说是一门从学术论文写作转变为撰写受众更广泛的科普书籍的进阶课程。索菲·冯·施图姆（Sophie von Stumm）最先建议我写这本书并一直鼓励着我，同时为我的许多早期的书稿提供了最好的建议和支持。

我还要感谢在过去 25 年里支持我研究的三个机构。自 1994 年我从美国来到英国，英国医学研究委员会（MRC）一直慷慨地为我的研究提供经费（经费编号MR/M021475/I，之前为G0901245），并支付了我作为MRC研究教授的大部分薪水（G19/2）。自2013年以来，欧洲研究理事会高级研究员基金（295366）也为我的研究和部分工资提供了支持。最后，非常感谢我在英国的这25年里，伦敦国王学院精神病学、心理学和神经科学研究所提供的出色的跨学科工作环境。

注释

第一部分　为何DNA如此重要？

第 1 章　解开先天与后天之谜

1. Steven Pinker, *The Blank Slate: The Modern Denial of Human Nature* (Penguin, 2003).

2. Emily Smith-Woolley and Robert Plomin, *Perceptions of Heritability* . Manuscript in preparation.

3. This point was made well by geneticist and evolutionary biologist Theodosius Dobzhansky, who was the first president of the Behavior Genetics Association: 'The nature-nurture problem is nevertheless far from meaningless. Asking right questions is, in science, often a large step toward obtaining right answers. The question about the roles of genotype and the environment in human development must be posed thus: To what extent are the differences observed among people conditioned by the differences of their genotypes and by the differences between the environments in which people were born, grew and were brought up?' Theodosius Dobzhansky, *Heredity and the Nature of Man* (Harcourt, Brace & World, 1964, p. 55).

4. The main reference for these results is my behavioural genetics textbook, Valerie

Knopik et al., *Behavioral Genetics, 7th edition* (Worth, 2017). References for some of the newer data follow. Remembering faces: Nicholas Shakeshaft and Robert Plomin, 'Genetic Specificity of Face Perception', *Proceedings of the National Academy of Sciences USA*, 112 (2015): 12887–92. doi: 10.1073/ pnas.1421881112. Spatial abilities: Kaili Rimfeld et al., 'Phenotypic and Genetic Evidence for a Unifactorial Structure of Spatial Abilities', *Proceedings of the National Academy of Sciences USA*, 114 (2017): 2777–82. doi: 10.1073/pnas.1607883114. For disorders like schizophrenia, published twin heritability estimates are often much higher than those shown in Table 2. These higher estimates use an approach that converts the twin data to a hypothetical continuum of liability rather than using the more conservative approach of relying on actual twin concordance for diagnoses as in Table 2.

5. Following are five common misunderstandings about heritability that I have encountered. An interesting book about heritability, written by a philosopher of science, is Neven Sesardic, *Making Sense of Heritability* (Cambridge University Press, 2005).

Misunderstanding 1: If the heritability of weight is 70 per cent, this means that 70 per cent of your weight is due to genes and the other 30 per cent is due to environment.

Heritability is not about one individual. It's about individual differences in a population and the extent to which inherited DNA differences account for the differences in weight in that population. Even with a heritability of 70 per cent, a particular person's obesity might be caused entirely by environmental circumstances. Misunderstanding 2: You cannot separate the effects of nature and nurture on weight because both nature and nurture are essential. I collect metaphors implying that you cannot separate the effects of genes and environment. The most common one is the area of a rectangle. One of the many quotes along these lines is from the neuropsychologist Donald O. Hebb, *A Textbook of Psychology* (W. B. Saunders, 1958, p. 129): 'To ask how much heredity contributes to intelligence is like asking how much the width of a field contributes to its area.' In other words, it is not possible to separate the contributions of length and width to the area of a rectangle because area is the product of length and width, that is, the area of a rectangle does not exist without both length and width. The implication is that genes and environments are like this, meaning that you can't separate their effects. However, in a population of rectangles, the variance of areas of the rectangles could be due entirely to length:

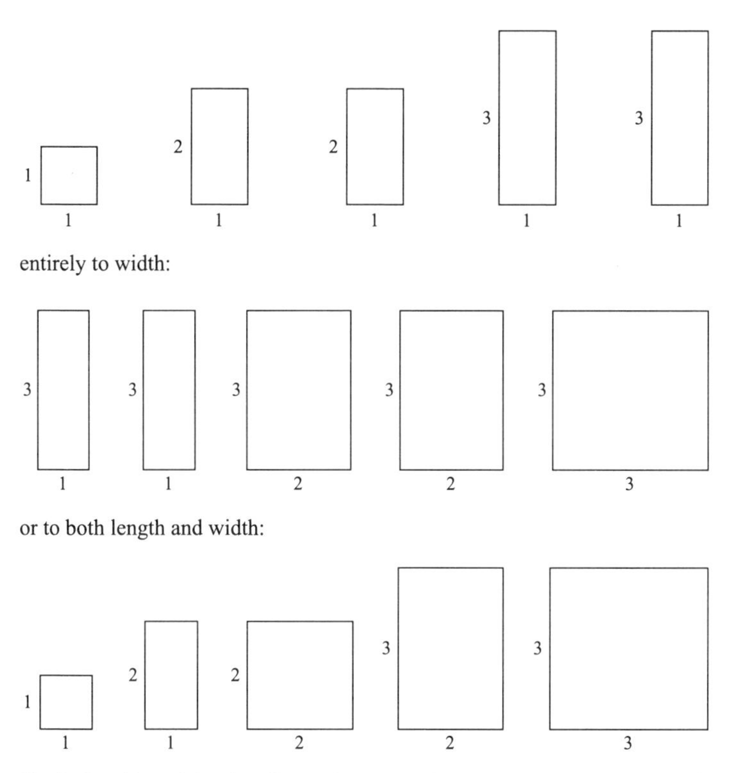

entirely to width:

or to both length and width:

Similarly with weight, the effects of nature and nurture cannot be separated for one individual. Both genes and environment are essential for weight. Without genes there is no individual to weigh, and genes without an environment cannot do anything. The point is that heritability does not refer to one individual but to a population of individuals. Differences between individuals in weight can be due entirely to the environment, entirely to genetics, or to a combination of the two. Heritability is the proportion of variance in weight that can be accounted for by inherited DNA differences.

If the effects of nature and nurture really cannot be separated, this would be just as much an argument against studying environmental influence as against studying genetic influence. It is a sign of reluctance to accept genetic influence that this argument is only applied to studying genetic influence.

Metaphors like the area of a rectangle lead to a related misunderstanding about the word 'interaction'. You multiply length and width to get the area, which means that the effect of length on area depends on width. This metaphor is used to suggest that the effects of nature and nurture interact in the sense that nature depends on nurture. Again, this implies that the effects of nature and nurture on weight cannot be disentangled.

In genetics, interaction means that estimates of genetic effects can differ in different environments. It does not mean that the effects of nature and nurture are inseparable. An example used in the text is that the heritability of weight is higher in wealthier countries where junk food is always at hand than in poorer countries.

Misunderstandings come in when interaction is used to mean that the effects of nature and nurture cannot be separated because the effects of nature depend on nurture. One source of this misunderstanding is that we inherit DNA but the expression of our DNA depends in part on the environment. DNA is not permanently switched on– DNA is expressed as the DNA's product is needed, as described in Chapter 11. Different DNA is expressed in different systems such as brain, heart and liver, even though each cell in all these systems has exactly the same inherited DNA. Within these systems, DNA is turned on and off in response to the environment, from the micro-environment inside the cell to the environment outside the body. You are changing the expression of many neurotransmitter genes in your brain as you read this sentence.

For example, some genes that affect weight are turned on in fat cells and control how much fat you store away in reserve. When there is not much fat in the diet, one particular gene discussed in Chapter 11, *FTO*, is expressed and tells fat cells to stock up on fat. A mutation in the gene makes the *FTO* gene more easily turned on, so more fat is stored. This inherited DNA difference is the single biggest genetic factor in weight, accounting for about a six-pound difference between people with and without this mutation. This gene is switched on in response to food. In our fast-food world with easy access to fatty foods, this inherited DNA difference is doing its thing most of the time. How much fat we consume certainly affects our weight, which counts as an environmental effect. But even with the same diet, this DNA difference in the *FTO* gene would make people differ in weight. The point here is that DNA differences need to be expressed to make a difference but all that we inherit and all that counts for heritability is DNA.

One more related misunderstanding is a version of the phrase 'Man proposes, God disposes.' In this case, the idea is that 'Nature proposes, nurture disposes.' That is, DNA is said to set the limits or potential for development but the environment determines where within those limits an individual ends up. This concept, called *reaction range*, implies that the effects of genes depend on the environment. As shown in the figure with rectangles, this is not the case when we are talking about the origins of individual differences. Genetic effects can occur independently of environmental effects, and vice versa.

This might seem like nit-picking, but it makes an important point about heritability. The 'nature proposes, nurture disposes' notion implies that, although there are potential theoretical limits set by individuals' DNA, their actual development depends on the environment. Heritability is not about potential, what could have been. Instead, it describes the extent to which inherited DNA differences actually create differences between individuals in a population, given the environments in which they live.

Misunderstanding 3: Genetics can't be important for weight because, if you don't eat, you lose weight. Genetic research is about 'what is', not about 'what could be'. People around us differ greatly in weight. If they stopped eating for several days, they would all lose weight. Despite this average weight loss, people would not lose the same amount of weight at the same speed. In starving populations, different genetic factors might affect weight, and heritability might differ from populations with easy access to food. Heritability is about what causes the differences that we see in a particular population. Many environmental interventions *could* make a difference, but that does not mean that these *are* the factors responsible for variance in weight as it exists in the population. For example, a gastric band placed around the upper section of the stomach restricts the amount of food that can be comfortably eaten. Gastric bands can drastically reduce the body weight of morbidly obese individuals but,obviously, gastric bands have nothing to do with why people are obese in the first place, because gastric bands are surgically inserted. Causes and cures are not necessarily related. Even if the heritability of weight were 100 per cent, gastric bands would still make obese people loseweight.

Nonetheless, knowing 'what is' should be helpful in thinking about 'what could be'. For example, knowing that weight runs in families for reasons of nature, not nurture, means that environmental influences shared by family members, such as diets and lifestyles, do not affect weight. This finding implies that the search for interventions to reduce weight should look for other environmental factors, because these factors currently exist but do not make a difference.

Misunderstanding 4: Genetic influences can't be important because average weight is increasing. Weight has steadily increased over the last fifty years. This increase refers to average differences between groups–we are heavier, on average, than people were fifty years ago. The average change in weight has occurred too quickly to be due to genetic changes, which has wrongly led to the conclusion that genetic factors can't be important.

A remarkable fact is that the heritability of weight has not changed over the decades, despite the substantial increase in average weight. Heritability is about differences between individuals, not average differences between groups. It is an important principle that the causes of average differences between groups are not necessarily related to the causes of individual differences within groups. In the case of weight, individual differences in weight are just as highly heritable now as they were fifty years ago, but the average increase in weight could be entirely environmental in origin. For example, the average increase in weight might be due to greater access to energy-dense foods such as sugar-rich drinks and high-calorie snacks.

This principle also applies to more politically sensitive differences between groups, such as average differences between males and females, between social classes, or between ethnic groups. The causes of average differences are not necessarily related to the causes of individual differences. For example, some of the biggest differences between the sexes are found in childhood psychopathology– boys are many times more likely than girls to be hyperactive or to have autistic symptoms. However, these symptoms are highly heritable for both boys and girls, and genetic studies show that the same genes affect boys and girls. Although DNA differences are substantially responsible for individual differences in these symptoms, they do not appear to account for the average difference between boys and girls. What does account for the average difference? We don't yet know.

Misunderstanding 5: To the extent that genetics is important, there is nothing you can do about it. There is not much you can do about most of the thousands of single-gene disorders. These are disorders caused by a single DNA difference that is necessary and sufficient for the disorder to develop. For example, if people inherit the genetic mutation for Huntington disease, they will die in adulthood from this degenerative neural disorder, regardless of their environment.

For a few single-gene disorders, we can do something about it. One of the rare examples is phenylketonuria (PKU), a single-gene disorder that, if untreated, causes severe intellectual disability. This inherited DNA difference produces a dysfunctional enzyme that cannot break down phenylalanine, one of the essential amino acids that come fromcertain foods. If a person can't metabolize phenylalanine, it accumulates, and this damages the developing brain. Learning about this inherited metabolic disorder led to a low-tech dietary solution: limit the intake of those foods rich in phenylalanine such as breast milk, eggs and most meats and cheese. The possibility of actually correcting a DNA mutation has been realized recently. A gene-editing technique called CRISPR can efficiently and precisely cut and replace a DNA mutation, as described in Chapter 11.

In contrast, genetic influence on weight and on all psychological traits is not a matter of a hard-wired single-gene mutation. For this reason, gene-editing seems unlikely to be used to alter genes involved in psychological traits. Heritability is the result of thousands of genes of small effect, or *polygenic* genes. The highly polygenic nature of genetic influence is also why heritability does not mean immutability. High heritability for weight implies that these polygenic effects are responsible for weight differences and that existing environmental differences do not make much of a difference.

High heritability of weight means that, on average, across the population, environmental differences such as dietary differences are not a big part of the answer to the question why people differ in weight. Despite this, if you want to lose weight, you can lose weight, but it will be much harder for some people than others because of their genetic propensities. This is another example of the point that heritability is about 'what is', not 'what could be'.

6. Paul Lichtenstein et al., 'Environmental and Heritable Factors in the Causation of Cancer– Analyses of Cohorts of Twins from Sweden, Denmark, and Finland', *New England Journal of Medicine*, 343 (2000): 78–85. doi: 10.1056/NEJM200007133430201.

7. In our 2017 survey of 5,000 young adults in the UK, we found that the average correlation between estimates of heritability across all fourteen traits was only 0.27: Emily Smith-Woolley and Robert Plomin, *Perceptions of Heritability*. Manuscript in preparation.

8. Ziada Ayorech et al., 'Publication Trends over 55 Years of Behavioral Genetic Research', *Behavior Genetics*, 46 (2016): 603–7. doi: 10.1007 s10519-016-9786-2.

9. Robert Plomin et al., 'Top 10 Replicated Findings from Behavioral Genetics', *Perspectives on Psychological Science*, 11 (2016): 3–23. doi: 10.1177/1745691615617439.

第 2 章　如何得知DNA塑造了我们?

1. I had to work out the ethical and logistical issues with the adoption agencies.

For example, we agreed that the adoption agencies would contact the adoptive parents and ask them to participate in the study only after adoption was agreed so that adoptive parents would feel no pressure to participate. Then I had to get approval from the university's ethical review board. All research at universities needs to be approved and monitored by a formally designated ethics panel to protect the rights and welfare of people participating in research. It was relatively easy for me to get the ethical review board's approval because the major issues of confidentiality and anonymity had already been resolved with the adoption agencies.

2. Sally-Anne Rhea et al., 'The Colorado Adoption Project', *Twin Research and Human Genetics*, 16 (2013): 358–65. doi: 10.1017/thg.2012.109.

3. The results described in this section are available in Stephen Petrill et al., *Nature, Nurture, and the Transition to Early Adolescence* (Oxford University Press, 2003).

4. Peter McGuffin and Robert Plomin, 'A Decade of the Social, Genetic and Developmental Psychiatry Centre at the Institute of Psychiatry', *British Journal of Psychiatry*, 185 (2004): 280–82. doi: 10.1192/bjp.185.4.280.

5. Robert Plomin et al., 'Individual Differences during the Second Year of Life: The MacArthur Longitudinal Twin Study', in John Colombo and Joseph Fagen (eds.), *Individual Differences in Infancy: Reliability, Stability, and Predictability* (Lawrence Erlbaum Associates, 1990) : 431–55.

6. Claire Haworth et al., 'Twins Early Development Study (TEDS): A Genetically Sensitive Investigation of Cognitive and Behavioral Development from Childhood to Young Adulthood', *Twin Research and Human Genetics*, 16 (2013): 117–25. doi: 10.1017/thg.2012.91.

7. Links to these papers can be found on the TEDS website, clicking on 'Research' and then 'Scientific Publications': https://www.teds.ac.uk/.

8. Instead of focusing on averages, the statistics of individual differences focuses on variability. In the TEDS twin study, we assessed weight at the age of sixteen for 2,000 twin pairs. Their average weight is 130 pounds, but they vary in weight from 75 pounds to 250 pounds, as shown in the figure below. The figure shows what is called the normal distribution, the bell-shaped curve, with most scores near the mean and fewer scores as you look towards the low or high extremes. The distribution for weight is not quite normal because the obesity epidemic is responsible for disproportionate numbers of heavier individuals. That is, there is a longer tail on the right side of the distribution.

Variance is a statistic that describes this variability, that is, how far individuals'

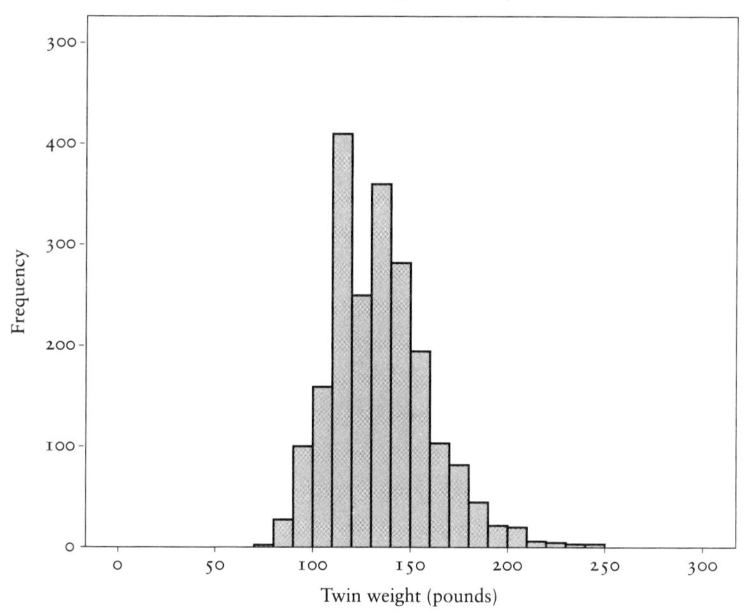

weights are spread out from their mean. It is based on each individual's difference from the mean. An individual who weighs 130 pounds adds nothing to the variance. Someone who weighs 200 pounds adds a lot to the variance. The 200-pounder is 70 pounds above the mean of 130 pounds. This individual adds a lot to the variance, because 70 pounds squared is 4,900.

Covariance is key because it is an index of the strength of the association between two variables. It is called covariance because it indicates the extent to which variance covaries between two variables. As just noted, variance is calculated by squaring each individual's deviation from the average. To calculate covariance, each individual's deviation from the average on one variable is multiplied by the individual's deviation from the average on the other variable. Covariance is the average of these products across individuals. So, covariance will be substantial if people who are well above average on one variable are also well above average on the other variable.

Correlation is the proportion of variance that covaries. It divides the covariance by the variance, which neatly converts covariance to make it more interpretable on a zero-to-one scale. If the two variables covary completely, the covariance equals the variance and the correlation is 1. You can visualize a correlation from a scatter plot. No doubt you have noticed that taller people are heavier. The next figure shows a scatter plot between weight and height from the sixteen-year-olds in my TEDS twin study.

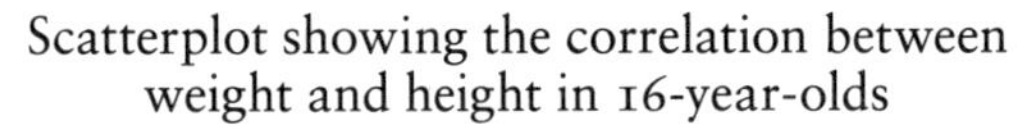

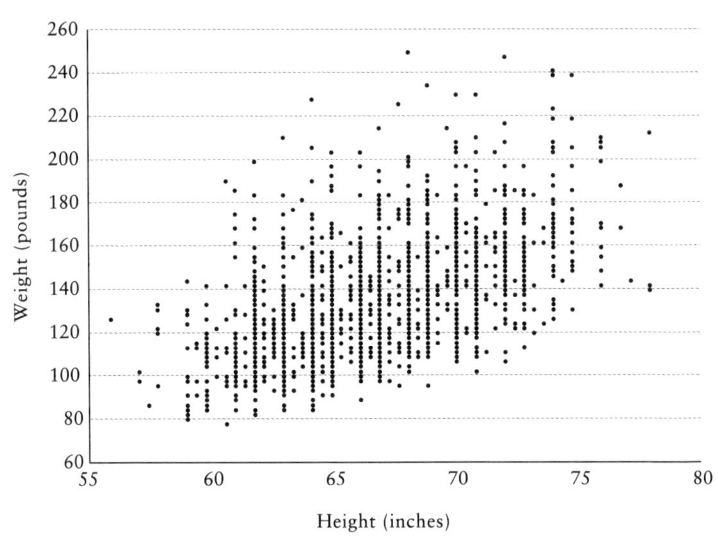

The correlation is 0.6, meaning that 60 per cent of the variance of weight and height covaries. If the correlation were 0, the scatterplot would look round rather than oval, indicating no association between the two variables. If the correlation were 1, the scatterplot would just be a straight line. Scores on weight could perfectly predict height, and vice versa.

The correlation of 0.6 is in between these extremes. The figure clearly shows that heavier people are taller, but there are exceptions. For example, the dot at the top in the centre is one of the heaviest sixteen-year-olds, weighing in at 250 pounds, who is only of average height. Because weight correlates so substantially with height, weight is often adjusted for height to get a purer measure of weight independent of height. One widely used adjustment is called *body mass index*.

9. The data on weight come from Thomas J. Bouchard and Matt McGue, 'Familial Studies of Intelligence: A Review', *Science*, 212 (1981): 1055–9. doi: 10.1126/science.7195071. An overview of the study is also available: Nancy L. Segal, *Born*

Together– Reared Apart (Harvard University Press, 2012).

10. Nancy L. Pedersen et al., 'The Swedish Adoption/Twin Study of Aging: An Update', *Acta Geneticae Medicae et Gemellologiae*, 40 (1991): 7–20. doi: org/10.1017/S0001566000006681.

11. This MZ correlation is only slightly greater than the correlation for MZ twins reared apart (0.75). This suggests that twins who spend their whole life together in the same home are only slightly more similar than twins who grew up in different homes. I highlight this finding later, after discussing adoption studies.

12. Karri Silventoinen et al., 'Genetic and Environmental Effects on Body Mass Index from Infancy to the Onset of Adulthood: An Individual-based Pooled Analysis of 45 Twin Cohorts Participating in The COllaborative Project of Development of Anthropometrical Measures in Twins (CODATwins) Study', *American Journal of Clinical Nutrition*, 104 (2016): 371–9. doi: 10.3945/ajcn.116.130252.

13. Robert Plomin et al., *Nature and Nurture during Infancy and Early Childhood* (Cambridge University Press, 1988). doi: 10.1017/CBO9780511527654.

14. One of the important advances in twin and adoption research is called *model-fitting*, which puts all the data together. Model-fitting can simultaneously analyse all of the data from family, twin and adoption studies and come up with a single estimate of heritable influence. It also makes assumptions explicit – such as assumptions about non-additive genetic variance and age changes in genetic effects – and tests the fit of these assumptions. Model-fitting heritability estimates for adult weight are 70 per cent.

What about other measures related to weight, such as body mass index (weight corrected for height), waist circumference and skinfold thickness? Genetic research yields similarly high heritability estimates for these measures. Genetic research using a technique called *multivariate genetic analysis* also reveals that the same genes largely (about 80 per cent) affect these different measures of weight.

15. One exception might be self-reported data for personality. We have found that adoption data yield much lower heritability estimates than twin studies, which we attributed to non-additive genetic influence on personality. Robert Plomin et al., 'Adoption Results for Self-reported Personality: Evidence for Non-additive Genetic Effects?', *Journal of Personality and Social Psychology*, 75 (1998): 211–18. doi: 10.1037/0022-3514.75.1.211.

16. Finding that twin studies yield the highest heritability estimate, 80 per cent, points to the importance of a particular type of genetic influence detected only in MZ

twins. MZ twins are like clones in that their inherited DNA sequence is identical. In contrast, first-degree relatives – siblings, including DZ twins, as well as parents and their children – are not really 50 per cent similar. They are only 50 per cent similar for what is called *additive genetic effects*, effects that 'add up' individually. Because MZ twins have identical DNA, only MZ twins capture non-additive genetic effects, which account for about 10 per cent of the heritability of weight. This is the primary reason why heritability in twin studies is greater than estimates from siblings and parents.

17. Karri Silventoinen et al., 'Genetic and Environmental Effects on Body Mass Index from Infancy to the Onset of Adulthood: An Individual-based Pooled Analysis of 45 Twin Cohorts Participating in The COllaborative Project of Development of Anthropometrical Measures in Twins (CODATwins) Study', *American Journal of Clinical Nutrition*, 104 (2016): 371–9. doi: 10.3945/ajcn.116.130252.

18. J. Min et al., 'Variation in the Heritability of Body Mass Index Based on Diverse Twin Studies: A Systematic Review', *Obesity Research*, 14 (2013): 871–82. doi: 10.1111/obr.12065.

19. Tinca Polderman et al., ' Meta-analysis of the Heritability of Human Traits Based on Fifty Years of Twin Studies', *Nature Genetics*, 47 (2015): 702–9. doi: 10.1038/ng.3285.

20. Janet S. Hyde, 'Gender Similarities and Differences', *Annual Review of Psychology* (2014). 65: 373–98. doi: 10.1146/ annurev-psych-010213-115057.

第 3 章 行为遗传学大发现之一：后天的先天性

1. In fact, I and my colleagues have described ten of the biggest findings that have emerged during the past few decades: Robert Plomin et al., 'Top 10 Replicated Findings from Behavioral Genetics', *Perspectives on Psychological Science*, 11 (2016): 3–23. doi: 10.1177/1745691615617439.

2. John P. A. Ioannidis, 'Why Most Published Research Findings are False', *PLoS Medicine*, 2 (2005): e124. doi: 10.1371/journal.pmed.0020124.

3. *In medicine* : C. Glenn Begley and Lee M. Ellis, 'Raise Standards for Preclinical Cancer Research', *Nature*, 483 (2012): 531–3. doi:10.1038/483531a.

In pharmacology: Florian Prinz et al., 'Believe It or Not: How Much Can We Rely on Published Data on Potential Drug Targets?', *Nature Reviews Drug Discovery*, 10 (2011): 712. doi:10.1038/nrd3439- c1.

In neuroscience : Wouter Boekel et al., 'A Purely Confirmatory Replication Study of Structural Brain–Behavior Correlations', *Cortex*, 66 (2015): 115–33. doi:10.1016/j.cortex.2014.11.019. Anders Eklund et al., 'Cluster Failure: Why fMRI Inferences for Spatial Extent Have Inflated False-positive Rates', *Proceedings of the National Academy of Sciences USA*, 113 (2016): 7900–905. doi: 10.1073/pnas.1602413113.

4. Alexander A. Aarts et al., 'Estimating the Reproducibility of Psychological Science', *Science*, 349 (2015). doi: 10.1126/science. aac4716. A critique of this influential paper concluded that the situation in the behavioural sciences was not quite so dire: Daniel T. Gilbert et al., 'Estimating the Reproducibility of Psychological Science', *Science*, 351 (2016). doi: 10.1126/science.aad7243. However, a response to this critique indicates that the jury is still out on the severity of the problem: Christopher J. Anderson et al., 'Response to Comment on "Estimating the Reproducibility of Psychological Science"', *Science*, 351 (2016). doi: 10.1126/science.aad9163.

5. Richard Feynman, *Surely You're Joking, Mr Feynman* (Vintage, 1992, p. 343).

6. Stepping back from statistical issues, I believe that what is needed most is to overcome the disconnect between what is good for scientists and what is good for science. What is good for scientists is getting published in good journals. What is good for science is getting it right. Getting it right is much easier to say than to do. However, at the risk of sounding sanctimonious, the real pleasure of science is making new, true discoveries that replicate. Getting it right. Brian A. Nosek et al., 'Restructuring Incentives and Practices to Promote Truth over Publishability', *Perspectives on Psychological Science*, 7 (2012): 615–31. doi: 10.1177/1745691612459058. John P. A. Ioannidis, 'How to Make More Published Research True', *PLoS Medicine*, 11 (2014). e1001747. doi: 10.1371/journal.pmed.1001747.

7. Robert Plomin et al., 'Top 10 Replicated Findings from Behavioral Genetics', *Perspectives on Psychological Science*, 11 (2016): 3–23. doi:10.1177/ 17456916 15617439.

8. Steven Pinker, *The Blank Slate: The Modern Denial of Human Nature* (Penguin, 2003).

9. Robert Plomin and Cindy S. Bergeman, 'The Nature of Nurture: Genetic Influence on "Environmental" Measures (with Open Peer Commentary and Response)', *Behavioral and Brain Sciences*, 14 (1991): 373–428. doi:10.1017/S0140525X00070278.

10. Hans Eysenck, *Decline and Fall of the Freudian Empire* (Pelican, 1986). Richard Webster and Malcolm Macmillan, *Freud Evaluated: The Completed Arc* (MIT

Press, 1997). Richard Webster, *Why Freud was Wrong: Sin, Science and Psychoanalysis* (The Orwell Press, 2005).

11.Karl Popper, *Conjectures and Refutations: The Growth of Scientific Knowledge* (Routledge and Kegan Paul, 1963).

12. Robert Plomin et al., 'Genetic Influence on Life Events During the Last Half of the Life Span ', *Psychology and Aging*, 5 (1990): 25–30. doi: 10.1037/0882-7974.5.1.25.

13. Thomas H. Holmes and Richard H. Rahe, 'The Social Readjustment Rating Scale', *Journal of Psychosomatic Research*, 11 (1967): 213–18.

14. Victor Jocklin et al., 'Personality and Divorce: A Genetic Analysis', *Journal of Personality and Social Psychology*, 71 (1996): 288–99. http://dx.doi.org/10.1037/0022-3514.71.2.288.

15. Jessica E. Salvatore et al., 'Genetics, the Rearing Environment, and the Intergenerational Transmission of Divorce: A Swedish National Adoption Study', *Psychological Science*, 29 (2018): 370–78. doi: 10.1177/0956797617734864. Epub 18 January 2018.

16. David Pearl, Lorraine Brouthilet and Joyce B. Lazar, *Television and Behaviour: Ten Years of Scientific Progress and Implications for the Eighties, Volume 1* (US Government Printing Office, 1982).

17. Robert Plomin et al., 'Individual Differences in Television Viewing in Early Childhood: Nature as Well as Nurture', *Psychological Science*, 1 (1990): 371–7. doi: 10.1111/j. 1467-9280.1990. tb00244.x

18. 'News & Comment: TV Attachment Inherited?', *Science*, 250 (1990): 1335.

19. Richard J. Rose, 'Genes and Human Behavior', *Annual Review of Psychology*, 46 (1995): 625–54.

20. Robert Plomin and Cindy S. Bergeman, 'The Nature of Nurture: Genetic Influence on "Environmental" Measures (with Open Peer Commentary and Response)', *Behavioral and Brain Sciences*, 14 (1991): 373–428. doi:10.1017/S0140525X00070278.

21. Beth Manke et al., 'Genetic Contributions to Adolescents' Extrafamilial Social Interactions: Teachers, Best Friends, and Peers', *Social Development*, 4 (1995): 238–56. doi: 10.1111/j. 1467-9507.1995. tb00064.x.

22. Cindy S. Bergeman et al., 'Genetic and Environmental Influences on Social Support: The Swedish Adoption/Twin Study of Aging (SATSA)', *Journal of Gerontology: Psychological Sciences*, 45 (1990): P101–P106. doi: 10.1093/

geronj/45.3.P101.

23. Ziada Ayorech et al., 'Personalized Media: A Genetically Sensitive Investigation of Individual Differences in Online Media Use', *PLoS One*, 12 (2017): e0168895. doi: 10.1371/journal.pone.0168895.

24. Kay Philipps and Adam P. Matheny, 'Quantitative Genetic Analysis of Injury Liability in Infants and Toddlers', *American Journal of Medical Genetics. Part B, Neuropsychiatric Genetics*, 60 (1995): 64–71. doi: 10.1002/ajmg.1320600112.

25. Robert Plomin, John C. Loehlin and John C. DeFries, 'Genetic and Environmental Components of "Environmental" Influences', *Developmental Psychology*, 21 (1985): 391–402. doi: 10.1037/ 0012-1649.21.3.391.

26. Cindy S. Bergeman et al., 'Genetic Mediation of the Relationship between Social Support and Psychological Well-being', *Psychology and Aging*, 6 (1991): 640–46. doi: 10.1037/ 0882-7974.6.4.640.

27. Reut Avinun and Ariel Knafo, 'Parenting as a Reaction Evoked by Children's Genotype: A Meta-analysis of Children-as-Twins Studies', *Personality and Social Psychology*, 18 (2014): 87–102. doi: 10.1177/1088868313498308. Kenneth S. Kendler and Jessica H. Baker, 'Genetic Influences on Measures of the Environment: A Systematic Review', *Psychological Medicine*, 37 (2007): 615–26. doi: 10.1017/ S0033291706009524. Ashlea M. Klahr and S. Alexandra Burt, 'Elucidating the Etiology of Individual Differences in Parenting: A Meta-analysis of Behavioral Genetic Research', *Psychological Bulletin*, 140 (2014): 544–86. doi: 10.1037/a0034205.

28. Eva Krapohl et al., 'Widespread Covariation of Early Environmental Exposures and Trait-associated Polygenic Variation', *Proceedings of the National Academy of Sciences USA*, 114 (2017): 11727–32. doi: 10.1073/pnas.1707178114. Robert Plomin, 'Genotype–Environment Correlation in the Era of DNA', *Behavior Genetics*, 44 (2014): 629–38. doi: 10.1007/ s10519-014-9673-7

第 4 章　行为遗传学大发现之二：DNA 越来越重要

1. Originally defined by Charles Spearman, 'General Intelligence, Objectively Determined and Measured', *American Journal of Psychology*, 15 (1904): 201–92. Among dozens of books on intelligence, an especially readable recent one is by Stuart Ritchie, *Intelligence: All That Matters* (Hodder & Stoughton, 2015).

2. Linda S. Gottfredson, 'Mainstream Science on Intelligence: An Editorial with 52

Signatories, History, and Bibliography', *Intelligence*, 24 (1994): 13–23. doi: 10.1016/ S0160-2896(97)90011-8.

3. Ian J. Deary et al., 'The Neuroscience of Human Intelligence Differences', *Nature Reviews Neuroscience*, 11 (2010): 201–11. doi: 10.1038/nrn2793.

4. Linda S. Gottfredson, 'Why *g* Matters: The Complexity of Everyday Life', *Intelligence*, 24 (1997): 79–131. Frank L. Schmidt and John E. Hunter, 'The Validity and Utility of Selection Methods in Personnel Psychology: Practical and Theoretical Implications of 85 Years of Research Findings', *Psychological Bulletin*, 124 (1998): 262–74. doi: 10.1037/0033-2909.124.2.262.

5. Editorial, 'Intelligence Research Should Not be Held Back by Its Past', *Nature*, 545 (25 May 2017): 385–6.

6. Robert Plomin, 'Foreword' in Yulia Kovas et al. (eds.), *Behavioural Genetics for Education* (Palgrave Macmillan UK, 2016). doi: 10.1057/9781137437327.

7. Ronald S. Wilson, 'The Louisville Twin Study: Developmental Synchronies in Behavior', *Child Development*, 54 (1983): 298–316. doi: 10.1111/j. 1467-8624.1983. tb03874.x.

8. Robert Plomin et al., 'Nature, Nurture, and Cognitive Development from 1 to 16 Years: A Parent–Offspring Adoption Study', *Psychological Science*, 8 (1997): 442–7. doi: 10.1111/j. 1467-9280.1997. tb00458.x.

9. Claire M. A. Haworth et al., 'The Heritability of General Cognitive Ability Increases Linearly from Childhood to Young Adulthood', *Molecular Psychiatry*, 15 (2010): 1112–20. doi: 10.1038/mp.2009.55.

10. Daniel A. Briley and Elliot M. Tucker, 'Explaining the Increasing Heritability of Cognitive Ability across Development: A Meta-analysis of Longitudinal Twin and Adoption Studies', *Psychological Science*, 24 (2013): 1704–13. doi: 10.1177/0956797613478618.

11. Matt McGue and Kaare Christensen, 'Growing Old but Not Growing Apart: Twin Similarity in the Latter Half of the Lifespan', *Behavior Genetics*, 43 (2013): 1–12. doi: 10.1007/ s10519-012-9559-5.

12. Eric Turkheimer et al., 'A Phenotypic Null Hypothesis for the Genetics of Personality', *Annual Review of Psychology*, 65 (2014): 514–40. doi: 10.1146/ annurev-psych-113011-143752. Yulia Kovas et al., 'Literacy and Numeracy are More Heritable than Intelligence in Primary School', *Psychological Science*, 24 (2013): 2048–56. doi: 10.1177/0956797613486982.

13. Yulia Kovas et al., ‘Literacy and Numeracy are More Heritable than Intelligence in Primary School’, *Psychological Science*, 24 (2013): 2048–56. doi: 10.1177/0956797613486982.

14. Saskia P. Hagenaars et al., ‘Genetic Prediction of Male Pattern Baldness’, *PLoS Genetics*, 13 (2017): e1006594. doi: 10.1371/journal.pgen.1006594.

15. Yulia Kovas et al., ‘The Genetic and Environmental Origins of Learning Abilities and Disabilities in the Early School Years’, *Monographs of the Society for Research in Child Development*, 72 (2007): 1–144. doi: 10.1111/j. 1540-5834.2007.00453.x.

16. Daniel A. Briley and Elliot M. Tucker, ‘Explaining the Increasing Heritability of Cognitive Ability across Development: A Meta-analysis of Longitudinal Twin and Adoption Studies’, *Psychological Science*, 24 (2013): 1704–13. doi: 10.1177/0956797613478618.

17. Suzanne Sniekers, ‘ Genome-wide Association Meta-analysis of 78,308 Individuals Identifies New Loci and Genes Influencing Human Intelligence’, *Nature Genetics*, 49 (2017): 1107–12. doi: 10.1038/ng.3869.

18. Robert Plomin and John C. DeFries, ‘A Parent–Offspring Adoption Study of Cognitive Abilities in Early Childhood’, *Intelligence*, 9 (1985): 341–56. doi: 10.1016/0160-2896(85) 90019-4. Recent model-fitting meta-analyses have confirmed genetic amplification: Daniel A. Briley and Elliot M. Tucker-Drob, ‘Explaining the Increasing Heritability of Cognitive Ability across Development: A Meta-analysis of Longitudinal Twin and Adoption Studies’, *Psychological Science*, 24 (2013): 1704–13. doi: 10.1177/0956797613478618.

第 5 章 行为遗传学大发现之三：异常是正常的

1. Zachary Steel et al., ‘The Global Prevalence of Common Mental Disorders: A Systematic Review and Meta-analysis 1980–2013’, *International Journal of Epidemiology*, 43 (2014): 476–93. doi: 10.1093/ije/dyu038.

2. Robert Plomin and Yulia Kovas, ‘Generalist Genes and Learning Disabilities’, *Psychological Bulletin*, 131 (2005): 592–617. doi: 10.1037/0033-2909.131.4.592. Similar results have been found for the high and low extremes of other psychological traits, for example, for low and high intelligence – they are quantitatively, not qualitatively, different genetically from the rest of the distribution of intelligence:

Robert Plomin et al., ‘Common Disorders are Quantitative Traits’, *Nature Reviews Genetics*, 10 (2009): 872–8. doi: 10.1038/nrg2670. One exception is severe intellectual disability, which is genetically distinct from the rest of the distribution of intelligence and affected by rare mutations with large effects: Avi Reichenberg et al., ‘Discontinuity in the Genetic and Environmental Causes of the Intellectual Disability Spectrum’, *Proceedings of the National Academy of Sciences USA*, 113 (2016): 1098–1103. doi: 10.1073/pnas.1508093112.

3. Saskia Selzam et al., ‘ Genome-wide Polygenic Scores Predict Reading Performance throughout the School Years’, *Scientific Studies of Reading*, 21 (2017): 334–9. doi: 10.1080/10888438.2017.1299152.

4. Robert Plomin et al., ‘The Genetic Basis of Complex Human Behaviors’, *Science*, 264 (1994): 1733–9. doi: 10.1126/science.8209254.

5. Robert Plomin et al., ‘Common Disorders are Quantitative Traits’, *Nature Reviews Genetics*, 10 (2009): 872–8. doi: 10.1038/nrg2670.

6. Thomas Insel et al., ‘Research Domain Criteria (RDoC): Toward a New Classification Framework for Research on Mental Disorders’, *American Journal of Psychiatry*, 167 (2010): 748–51. doi: 10.1176/appi.ajp.2010.09091379.

7. Louise C. Johns et al., ‘The Continuity of Psychotic Experiences in the General Population’, *Clinical Psychology Review*, 21 (2001): 1125–41. doi: 10.1016/ S0272-7358(01) 00103-9.

第 6 章　行为遗传学大发现之四：全能基因

1. Robert Plomin and Yulia Kovas, ‘Generalist Genes and Learning Disabilities’, *Psychological Bulletin*, 131 (2005): 592–617. doi: 10.1037/ 0033-2909.131.4.592.

2. Kaite A. McLaughlin et al., ‘Parent Psychopathology and Offspring Mental Disorders: Results from the WHO World Mental Health Surveys’, *British Journal of Psychiatry*, 200 (2012): 290–99. doi: 10.1192/bjp. bp.111.101253.

3. Kenneth S. Kendler et al., ‘Major Depression and Generalized Anxiety Disorder – Same Genes, (Partly) Different Environments’, *Archives of General Psychiatry*, 49 (1992): 716–22.

4. Christel M. Middeldorp et al., ‘The Co-morbidity of Anxiety and Depression in the Perspective of Genetic Epidemiology. A Review of Twin and Family Studies’, *Psychological Medicine*, 35 (2005): 611–24. doi: 10.1017/S003329170400412X.

5. Avshalom Caspi and Terrie Moffitt, 'All for One and One for All: Mental Disorders in One Dimension', *American Journal of Psychiatry.* Advance online publication. doi: 10.1176/appi.ajp.2018.17121383.

6. One interesting exception to the rule of generalist genes is autism. Three clusters of symptoms are used to diagnose what is now officially called autism spectrum disorder–social impairment, communication difficulties and rigid and repetitive behaviours. Diagnosis of autism requires impairments in each of these areas. If you ask why this is the case, there is no answer other than historical happenstance. Genetic research shows that most of the genes that affect one of these areas are different from the genes that affect the other areas. Putting three genetically unrelated things together is likely to be the reason why research trying to find genes for autism has been less successful than for other disorders. From a genetic perspective, autism diagnosed as a triad of symptoms does not exist. Each of the three areas is a real problem, but they need to be studied separately because they are different genetically. Francesca Happé et al., 'Time to Give Up on a Single Explanation for Autism', *Nature Neuroscience*, 9 (2006): 1218–20. doi: 10.1038/nn1770.

7. David H. Kavanagh et al., 'Schizophrenia Genetics: Emerging Themes for a Complex Disorder', *Molecular Psychiatry*, 20 (2015): 72–6. doi: 10.1038/mp.2014.148. Hong Lee et al., 'Genetic Relationship between Five Psychiatric Disorders Estimated from Genome-wide SNPS', *Nature Genetics*, 45 (2013): 984–94. doi: 10.1038/ng.2711.

8. Robert Plomin and Yulia Kovas, 'Generalist Genes and Learning Disabilities', *Psychological Bulletin*, 131 (2005): 592–617. doi: 10.1037/0033-2909.131.4.592.

9. Yulia Kovas et al., 'The Genetic and Environmental Origins of Learning Abilities and Disabilities in the Early School Years', *Monographs of the Society for Research in Child Development*, 72 (2007): 1–144. doi: 10.1111/j. 1540-5834.2007.00453.x.

10. Nicole Harlaar et al., 'Correspondence between Telephone Testing and Teacher Assessments of Reading Skills in a Sample of 7-year-old Twins: II. Strong Genetic Overlap', *Reading and Writing: An Interdisciplinary Journal*, 18 (2005): 401–23. doi:10.1007/ s11145-005-0271-1.

11. Kaili Rimfeld et al., 'Phenotypic and Genetic Evidence for a Unifactorial Structure of Spatial Abilities', *Proceedings of the National Academy of Sciences USA*, 114 (2017): 2777–82. doi: 10.1073/pnas.1607883114. Nicholas Shakeshaft et al., 'Rotation is Visualisation, 3D is 2D: Using a Novel Measure to Investigate the Genetics of Spatial Ability', *Scientific Reports*, 6 (2016): 30545. doi: 10.1038/srep30545.

12. Yulia Kovas and Robert Plomin, 'Generalist Genes: Implications for the Cognitive Sciences', *Trends in Cognitive Science*, 10 (2006): 198–203. doi: 10.1016/j.tics.2006.03.001.

13. Ian J. Deary et al., 'The Neuroscience of Human Intelligence Differences', *Nature Reviews Neuroscience*, 11 (2010): 201–11. doi: 10.1038/nrn2793.

第 7 章　行为遗传学大发现之五：同一家庭的孩子如此不同

1. The first genetic study of agreeableness found evidence for shared environment: Cindy S. Bergeman et al., 'Genetic and Environmental Effects on Openness to Experience, Agreeableness, and Conscientiousness: An Adoption/Twin Study', *Journal of Personality*, 61 (1993): 159–79. doi: 10.1111/j. 1467-6494.1993. tb01030.x. However, subsequent research has not confirmed this finding: Valerie S. Knopik et al., *Behavioral Genetics, 7th edition* (Worth, 2017).

2. Kaili Rimfield et al., 'True Grit and Genetics: Predicting Academic Achievement from Personality', *Journal of Personality and Social Psychology*, 111 (2016): 780–89. doi: 10.1037/pspp0000089.

3. Valerie S. Knopik et al., *Behavioral Genetics, 7th edition* (Worth, 2017). Tinca Polderman et al., ' Meta-analysis of the Heritability of Human Traits Based on Fifty Years of Twin Studies', *Nature Genetics*, 47 (2015): 702–9. doi: 10.1038/ng.3285.

4. David C. Rowe and Robert Plomin, 'The Importance of Non-shared Environmental Influences in Behavioral Development', *Developmental Psychology*, 17: 517–31(1981). doi:10.1037/ 0012-1649.17.5.517.

5. The finding was ignored when it was first noted in 1976 in relation to personality: John C. Loehlin and Robert C. Nichols, *Heredity, Environment and Personality* (University of Texas, 1976). It was controversial in 1987, when I first reviewed genetic research pointing to this phenomenon: Robert Plomin and Denise Daniels, 'Why are Children in the Same Family So Different from Each Other?', *Behavioral and Brain Sciences*, 10 (1987): 1–16. doi: 10.1017/S0140525X00055941. The controversy was renewed in 1998 when a popular book tackled the topic: Judith R. Harris, *The Nurture Assumption: Why Children Turn Out the Way They Do* (The Free Press, 1988).

6. Robert Plomin, 'Commentary: Why are Children in the Same Family So Different? Non-shared Environment Three Decades Later', *International Journal of*

Epidemiology, 40 (1991): 582–92. doi:10.1093/ije/dyq144.

7. Valerie S. Knopik et al., *Behavioral Genetics, 7th edition* (Worth, 2017).

8. Sandra Scarr and Richard Weinberg, 'The Influence of "Family Background" on Intellectual Attainment', *American Sociological Review*, 43 (1978): 674–92.

9. Matt McGue et al., 'Behavioral Genetics of Cognitive Ability: A Life-span Perspective', in Robert Plomin and Gerald E. McClearn (eds.), *Nature, Nurture and Psychology* (American Psychological Association, 1993). 59–76.

10. John C. Loehlin et al., 'Modeling IQ change: Evidence from the Texas Adoption Project', *Child Development*, 60 (1989): 993–1004.

11. Claire M. A. Haworth et al., 'The Heritability of General Cognitive Ability Increases Linearly from Childhood to Young Adulthood', *Molecular Psychiatry*, 15 (2010): 1112–20. doi: 10.1038/mp.2009.55.

12. Yulia Kovas et al., 'Literacy and Numeracy are More Heritable than Intelligence in Primary School', *Psychological Science*, 24 (2013): 2048–56. doi: 10.1177/0956797613486982.

13. Kaili Rimfeld et al., 'Genetics Affects Choice of Academic Subjects as Well as Achievement', *Scientific Reports*, 6 (2016): 26373. doi: 10.1038/srep26373.

14. Peter K. Hatemi et al., 'Genetic Influences on Political Ideologies: Twin Analyses of 19 Measures of Political Ideologies from Five Democracies and Genome-wide Findings from Three Populations', *Behavior Genetics*, 44 (2014): 282–94. doi: 10.1007/ s10519-014-9648-8.

15. Judith Dunn and Robert Plomin, *Separate Lives: Why Siblings are So Different* (Basic Books, 1990).

16. David Reiss et al., *The Relationship Code: Deciphering Genetic and Social Patterns in Adolescent Development* (Harvard University Press, 2000).

17. Alison Pike et al., 'Family Environment and Adolescent Depressive Symptoms and Antisocial Behavior: A Multivariate Genetic Analysis', *Developmental Psychology*, 32 (1996): 590–603. doi: 10.1037/ 0012-1649.32.4.590.

18. Bonamy Oliver et al., 'Genetics of Parenting: The Power of the Dark Side', *Developmental Psychology*, 50 (2014): 1233–40. doi: 10.1037/a0035388.

19.Kathryn Asbury et al., ' Non-shared Environmental Influences on Academic Achievement at Age 16: A Qualitative Hypothesis-generating Monozygotic-twin Differences Study', *AERA Open*, 2(2016): 1–12. doi: 10.1177/2332858416673596.

20. Judith Dunn and Robert Plomin, *Separate Lives: Why Siblings are So Different*

(Basic Books, 1990).

21. Charles Darwin, *The Autobiography of Charles Darwin and Selected Letters*, edited by Francis Darwin (Dover, 1892).

22. Francis Galton, *Natural Inheritance* (Macmillan, 1889).

23. S. Alexandra Burt and Kelly L. Klump, 'Do Non-shared Environmental Influences Persist over Time? An Examination of Days and Minutes', *Behavior Genetics*, 45 (2015): 24–34. doi: 10.1007/ s10519-014-9682-6. Elliot M. Tucker-Drob and Daniel A. Briley, 'Continuity of Genetic and Environmental Influences on Cognition across the Life Span: A Meta-analysis of Longitudinal Twin and Adoption Studies', *Psychological Bulletin*, 140 (2014): 949–79. doi: 10.1037/a0035893.

24. Robert Plomin and Denise Daniels, 'Why are Children in the Same Family So Different from Each Other?', *Behavioral and Brain Sciences*, 10 (1987): 1–16. doi: 10.1017/S0140525X00055941.

第 8 章　DNA蓝图：了解我们是谁

1. Nicole Harlaar et al., 'Genetic Influences on Early Word Recognition Abilities and Disabilities: A Study of 7-year-old Twins', *Journal of Child Psychology and Psychiatry*, 46 (2005): 373–84. doi: 10.1111/j. 1469-7610.2004.00358.x.

2. Kathryn Asbury and Robert Plomin, *G is for Genes: What Genetics Can Teach Us about How We Teach Our Children* (Wiley-Blackwell, 2013). doi: 10.1002/9781118482766.

3. The developmental psychologist Alison Gopnik comes to a similar view that parents are not carpenters who construct a child. Although caring for children is crucial, parenting is not a matter of shaping them to turn out a particular way. She suggests that parents are more like gardeners, providing conditions for their children to thrive. My view is that parents are not even gardeners, if that implies nurturing and pruning plants to achieve a certain result. The conclusion I reach from the genetic research reviewed in previous chapters is that parents have little systematic effect on their children's outcomes beyond the blueprint that their genes provide. In addition, parents are neither carpenters nor gardeners in the sense that parenting is not a means to an end. It is a relationship and, like our relationships with our partner and friends, our relationship with our children should be based on being with them, not changing them. Alison Gopnik, *The Gardener and the Carpenter: What the New Science of Child Development*

Tells Us about the Relationship between Parents and Children (Bodley Head, 2016).

4. Anthropologists Robert and Sarah LeVine draw similar conclusions from their studies of parenting practices around the world. Despite great differences in parenting, children turn out to be well-adjusted adults. Robert Levine and Sarah LeVine, *Do Parents Matter?: Why Japanese Babies Sleep Soundly, Mexican Siblings Don't Fight, and Parents Should Just Relax* (Souvenir Press, 2016).

5. Emily Smith-Woolley et al., 'Ofsted Secondary School Quality is Poor Predictor of Student Academic Achievement and Wellbeing'. Manuscript submitted for publication (2018).

6. This is a paraphrase of an idea described by John Dewey, 'My Pedagogic Creed', *School Journal*, 54 (1897): 77–80.

第 9 章　机会均等和精英统治

1. This question has been bound up in the topic of meritocracy, beginning with sociologist Michael Young's *The Rise and Fall of the Meritocracy* in 1958 (Transaction Publishers). The book was meant as a cautionary tale about the dangers of meritocracy. The rise of meritocracy rests on replacing aristocracy and inherited wealth with talent. The fall of meritocracy is a revolt by the have-nots against the elites, which is eerily like the populist revolt against experts and elites that we see today. These questions reached fever pitch in 1994 with *The Bell Curve: Intelligence and Class Structure in American Life* (The Free Press, 1994) by psychologist Richard J. Herrnstein and political scientist Charles Murray, who warned that society was becoming stratified into an hereditary elite and an underclass. Twenty years later, concerns about meritocracy are on the rise again.

2. Andrew C. Heath et al., 'Education Policy and the Heritability of Educational Attainment', *Nature*, 314 (1985): 734–6. doi: 10.1038/314734a0. Amelia R. Branigan et al., 'Variation in the Heritability of Educational Attainment: An International Meta-analysis', *Social Forces*, 92 (2013): 109–140. doi: 10.1093/sf/sot076. Dalton Conley and Jason Fletcher, *The Genome Factor* (Princeton University Press, 2017).

3. Françis Nielsen and J. Micah Roos, 'Genetics of Educational Attainment and the Persistence of Privilege at the Turn of the 21st Century', *Social Forces*, 94 (2015): 535–61. doi: 10.1093/sf/sov080.

4. Emily Smith-Woolley et al., 'Differences in Exam Performance between Pupils

Attending Selective and Non-Selective Schools Mirror the Genetic Differences between Them', *NPJ Science of Learning* (2018). Advance online publication. doi: 10.1038/s41539-018-0019-8.

5. Emily Smith-Woolley and Robert Plomin, 'In the School or in the Genes? The Genetics of Academic Progress'. Manuscript in preparation.

6. It is difficult to find solid evidence for this, but it is widely accepted that students from private schools dominate the top professions: https://www.suttontrust.com/newsarchive/ john-claughton-sees-independentschools-as-part-of-the-solution-on-social-mobility/.

7. Emily Smith-Wooley and Robert Plomin, 'Do Selective Secondary Schools Make a Difference at University?' Manuscript in preparation.

8. Amelia R. Branigan et al., 'Variation in the Heritability of Educational Attainment: An International Meta-analysis', *Social Forces*, 92 (2013): 109–40. doi: 10.1093/sf/sot076. Dalton Conley and Jason Fletcher, *The Genome Factor* (Princeton University Press, 2017).

9. Analabha Basu et al., 'Genomic Reconstruction of the History of Extant Populations of India Reveals Five Distinct Ancestral Components and a Complex Structure', *Proceedings of the National Academy of Sciences of the United States of America*, 113 (2016): 1594–9. doi: 10.1073/pnas.1513197113.

10.Although I conclude that genetic castes are not inevitable, many scholars would disagree, most notably Charles Murray and Richard Herrnstein (*The Bell Curve*, The Free Press, 1994). The economist Gregory Clark (*The Son Also Rises: Surnames and the History of Social Mobility*, Princeton University Press, 2014) concludes that social mobility is much lower across centuries and across countries than has been assumed. However, Clark's research relies on analyses of surnames and shows that the social status of families persists for many generations. I think his findings are based on the average success of families, which shows greater persistence over the generations, as compared to individuals within families. Finally, sociologists Dalton Conley and Jason Fletcher (*The Genome Factor*, Princeton University Press, 2017) argue that we are moving towards a 'genotocracy'. This trend is accelerated by assortative mating, the tendency for like-minded individuals to mate.

11. This is the theme of a 2016 book, *The Myth of Meritocracy* by James Bloodworth (Biteback Publishing, 2016). On the last page Bloodworth writes: 'Should those who inherit low ability be condemned to a bleak and wretched life based on what

is, in essence, the mere lottery of genetics? A more egalitarian society would ensure that everyone could live well, whereas a meritocratic society would endlessly remind the drudges of their worthlessness. A just society is thus not a meritocratic one.'

12. This is the most quoted statistic from Thomas Piketty's *Capital in the Twenty-first Century* (Harvard University Press, 2014).

第二部分 DNA革命

第10章 生命蓝图的入门课

1. James D. Watson and Francis H. C. Crick, 'Genetical Implications of the Structure of Deoxyribonucleic Acid', *Nature*, 171 (1953): 964–7. The quote 'It has not escaped our notice that the specific pairing we have postulated immediately suggests a possible copying mechanism for the genetic material' is on p. 965.

2. This estimate refers only to our own cells. Amazingly, we have at least as many non-human cells living in us as human cells. This is the microbiota of bacteria, fungi, archaea and viruses.

3. Actually, siblings never inherit exactly the same chromosome. When eggs or sperm are formed, members of each chromosome pair make contact and exchange pieces of DNA. This shuffling process creates hybrid chromosomes, a process called *recombination*. For this reason, each egg and each sperm has different recombined chromosomes, which means that siblings cannot inherit exactly the same chromosome. The exception is identical twins, who have exactly the same chromosomes because they come from the same fertilized egg. Despite recombination, siblings are still about 50 per cent similar on average for any particular stretch of DNA, whether it is recombined or not. This is why siblings are similar but also different for psychological traits and why identical twins are more similar than other siblings.

4. 1,000 Genomes Project Consortium et al., 'An Integrated Map of Genetic Variation from 1,092 Human Genomes', *Nature*, 491 (2012): 56–65. doi: 10.1038/nature11632. David M. Altshuler et al., 'A Global Reference for Human Genetic Variation', *Nature*, 526 (2015): 68–74. doi: 10.1038/nature15393.

5. We used to think that this RNA message was always translated into amino-acid sequences, which are the building blocks of all proteins. However, DNA transcribed into RNA and translated into amino-acid sequences accounts for only 2 per cent of all DNA. These are the 20,000 classical genes mentioned earlier. Is the other 98 per cent of

DNA junk? We now know that as much as half of all DNA cannot be junk, because it is transcribed into RNA even though it is not translated into RNA. Instead of being called junk DNA, it is called non-coding DNA because it does something, even though it does not code for amino-acid sequences. One reason why it must be important is that at least 10 per cent of this non-coding DNA is the same across related species, suggesting that it has some adaptive function because it has been conserved evolutionarily. Other more direct research suggests that as much as 80 per cent of this non-coding DNA is functional, in that it regulates the transcription of other genes. This new way of thinking about 'genes' is important because many DNA associations with complex traits are in these non-coding regions of DNA.

6. Timothy M. Frayling et al., 'A Common Variant in the FTO Gene is Associated with Body Mass Index and Predisposes to Childhood and Adult Obesity', *Science*, 316 (2007): 889–94. http://doi.org/10.1126/science.1141634.

7. You can square a correlation to find the amount of variance explained. Squaring the correlation of 0.09 between a SNP and a trait indicates that 0.8 per cent of the variance of the trait can be explained by the SNP.

8. Much has been written about this exciting new technique: Jennifer A. Doudna and Emmanuelle Charpentier, 'The New Frontier of Genome Engineering with CRISPR-Cas9', *Science*, 346 (2014): 1077. doi:10.1126/science.1258096.

9. Jane Wardle et al., 'Obesity Associated Genetic Variation in FTO is Associated with Diminished Satiety', *Journal of Clinical Endocrinology and Metabolism*, 93 (2008): 3640–43. doi: 10.1111/j. 1469-7610.2008.01891.x.

10. The first step, getting cells, can use any cells, because almost all cells have DNA and the DNA is identical in all cells. It's a matter of convenience which cells are obtained. Blood is a good tissue for harvesting lots of DNA, but most often saliva is used because it is easy to collect, even through the post.

The second step is extracting DNA from the cells. Although saliva is more than 99 per cent water, it also contains some sloughed-off cells from our mouths. The cells in our mouth replenish themselves frequently, which is why sores in the mouth heal so quickly. The DNA is physically separated from other stuff in saliva by spinning the saliva in a centrifuge.

The third step is genotyping the DNA. There is not enough DNA for genotyping in the few cells in a saliva sample. For this reason, before genotyping we trick DNA into making millions of copies of itself by hijacking its duplication mechanism.

The process begins by making double-stranded DNA unzip into single strands, which is done simply by heating the DNA. These single strands of DNA are then chopped up into tiny fragments, using enzymes that cut DNA whenever they see a certain DNA sequence.

As happens naturally in the duplication of all cells in our bodies, each single-stranded DNA fragment seeks its complement. In its home environment of the cell there would be lots of A, C, G and T nucleotides floating around, so each single-stranded DNA can form its complement. For SNP genotyping, the DNA fragments are not allowed to combine with individual nucleotides. The fragments are only allowed to combine with short sequences of DNA that we create. The fragments that we create are called probes because they probe for a specific SNP.

Consider the *FTO* SNP on chromosome 16. As mentioned earlier, 15 per cent of us have AA genotypes, 50 per cent AT, and 35 per cent TT. We can probe for this SNP using the non-varying sequence that surrounds the SNP: A-A-T-T-T comes before the A/T SNP and G-T-G-A-T comes after the SNP. We create two single-stranded probes, one with the A allele in the DNA sequence (A- A-T-T-T-A-G-T-G-A-T) and the other with the T allele (A- A-T-T-T-T-G-T-G-A-T).

Then we turn the single-stranded DNA fragments loose to combine with the single-stranded probes for the A and T alleles. The single-stranded DNA fragments are all tagged with fluorescent labels that light up. Copies of the fragment of chromosome 16 that contain the *FTO* SNP hook up with either the A or T probes. After rinsing away the rest of the DNA that has not found a mate, we can see which probes the DNA fragments combined with. If the DNA fragments fluoresce for the A probe, that means the individual has only the A allele, the AA genotype. If the DNA fragments fluoresce for the T probe, the person has the TT genotype. If the DNA fragments fluoresce for both the A and T probes, this means that the individual's DNA fragments contain both the A and T alleles. Their genotype is AT, indicating that they inherited an A allele from one parent and a T allele from the other parent.

11. That is, they are rarely broken up by recombination, which is a process that occurs during the production of eggs and sperm in which chromosomes exchange parts, described in the Note above.

12. Christopher F. Chabris et al., 'Most Reported Genetic Associations with General Intelligence are Probably False Positives', *Psychological Science*, 23 (2012): 1314–23. doi: 10.1177/0956797611435528.

第 11 章　寻找心理特征的DNA预测因子

1. Hundreds of brain-related genes were the focus of thousands of candidate-gene studies of psychological traits during the last three decades. For example, one gene used in many candidate-gene association studies was *COMT* (catechol- *O*-methyltransferase), which detoxifies stress hormones. A common SNP allele in *COMT* reduces the ability to break down stress hormones in the brain, which results in these hormones floating around for longer. It made sense that this SNP allele might ramp up stress and lead to anxiety and depression. *COMT* was also used as a candidate gene for cognition. In addition to increasing stress in stressful environments, it seemed reasonable to suppose that, in less stressful environments, this SNP allele might improve cognitive function by stimulating the brain.

One problem with the candidate-gene approach is the overly simplistic stories about the function of genes used to justify the selection of a particular gene as a 'candidate'. Every gene does many different things, so it is easy to tell a story about why a gene like *COMT* is a good candidate gene. But these stories are often wrong. Just about any gene could be justified as a candidate for psychological traits because three-quarters of all genes are expressed in the brain.

Another problem is that candidate-gene studies consider only traditional genes, the 2 per cent of the genome that codes for proteins. As indicated earlier, DNA differences that make a difference in psychological traits are usually not in traditional 'genes'. So, candidate-gene studies missed most of the genetic action.

The *COMT* SNP was included in hundreds of studies of cognitive abilities, and even more studies of anxiety. In one of the first candidate-gene studies twenty-five years ago, I set out to compare 100 genes, including *COMT,* in low-IQ versus high-IQ individuals in two independent studies. Although some significant results popped up in the first study, only one replicated in the second study, just what you would expect by chance alone with a *P* value of 0.05. So, the only significant results seemed to be *false positive* findings and I was left empty-handed: Robert Plomin et al., 'Allelic Associations between 100 DNA Markers and High versus Low IQ', *Intelligence*, 21 (1995): 31–48. doi: 10.1016/ 0160-2896(95) 90037-3.

The design I was using had power to detect associations that accounted for more than 2 per cent of the variance of intelligence. Something was wrong here. Perhaps we weren't looking at the right candidate genes. Because we only had power to detect associations that accounted for more than 2 per cent of the variance, another unpalatable possibility was that the effects were smaller than 2 per cent. It turns out the answer was both.

Despite this early warning of negative results for candidate genes, more than 200 subsequent studies reported associations between candidate genes and intelligence. However, most of these involved small samples and there was no attempt to replicate results. In 2012, in a systematic attempt to replicate the top SNPs in twelve candidate genes in three large samples, not a single SNP replicated:Christopher F. Chabris et al., 'Most Reported Genetic Associations with General Intelligence are Probably False Positives', *Psychological Science*, 23 (2012): 1314–23. doi: 10.1177/0956797611435528.

The failure of candidate-gene reports to replicate is not just a problem for research on intelligence. The approach failed everywhere. For example, for schizophrenia, over 1,000 papers reported candidate-gene results for more than 700 genes. A 2015 meta-analysis of the top twenty-four candidate genes found that none replicated: Manillas S. Farrell et al., 'Evaluating Historical Candidate Genes for Schizophrenia', *Molecular Psychiatry*, 20 (2015): 555–62. doi: 10.1038/mp.2015.16.

How can so many published papers have got it so wrong? Earlier, we considered the crisis of confidence in science about failures to replicate. Candidate-gene studies fell prey to all the traps described there. Two of the major pitfalls were that these studies were underpowered and they chased *P* values.

In relation to the power pitfall, the average sample size of candidate-gene studies was 200. If associations accounted for 5 per cent of the variance, sample sizes of 200 would have adequate power to detect them. But we now know there is not a single effect size anywhere near as large as 5 per cent. The biggest effects are less than 1 per cent. Sample sizes of more than a thousand are needed to detect such small effects.

For this reason, these early candidate-gene studies were at risk of reporting statistically significant results that are not true, or false positives. Scientific journals do not like to publish negative results, so the only results that could be published were reports of positive results, which turned out to be false positives.

The second pitfall was chasing *P* values, which greatly increases the risk of reporting false positive results. There are several ways that scientists, usually unwittingly, chase *P* values. They look at several genes or several psychological traits or several ways of analysing the data but only report the results that tell the best story. It is easy to fall prey to this type of cheating because we all want to tell good stories, and this makes it tempting to sweep complications under the carpet. For publication, a good story requires that the results meet the conventional 5 per cent *P* value. But chasing this *P* value means that the laws of *P* (probability) are broken. The chase ends up catching only false positive findings.

There is nothing wrong with trying to tell a good story, as long as the story is true. The problem with the hundreds of candidate-gene stories is that they were not true, yet they led to hundreds of media reportsabout 'the gene for intelligence' or 'the gene for schizophrenia'. Although candidate-gene studies continue to be published today, most journals now require that papers reporting candidate-gene associations include proof of replication in independent samples prior to publication. False positive findings do not replicate. The hundreds of reports of candidate-gene associations with intelligence and with schizophrenia did not replicate.

The pain of this false start of candidate-gene studies was eased by the success of a new approach that came after the turn of the century, just as it was becoming clear that candidate-gene studies were a flop. The new approach was genome-wide association (GWA), which is the opposite of the candidate-gene approach.

2. Neil Risch and Kathleen Merikangas, 'The Future of Genetic Studies of Complex Human Diseases', *Science*, 273 (1996): 1516–17. doi: 10.1126/science. 273.5281.1516. I have not described an older approach to hunting for genes across the genome called linkage analysis. Like genome-wide association, linkage is a systematic genome-wide strategy for gene-hunting. It uses only a few hundred DNA markers across the genome to identify the chromosomal location of major gene effects by examining the co-segregation within family pedigrees between a DNA marker and a disorder. However, linkage is not powerful for detecting smaller gene effects. Linkage can point to the chromosomal neighbourhood, but it cannot pinpoint the exact location. I decided not to discuss linkage, as it is rarely used now because it only has power to detect major-gene effects, whereas most effects are tiny.

3. Robert Plomin et al., 'A Genome-wide Scan of 1,842 DNA Markers for Allelic Associations with General Cognitive Ability: A Five-stage Design Using DNA Pooling and Extreme Selected Groups', *Behavior Genetics*, 31 (2001): 497–509. doi: 10.1023/ A:1013385125887. I reduced the time and money needed by pooling DNA for groups of individuals rather than genotyping each individual separately. This is called *DNA pooling*; it costs no more to genotype 100 individuals than one individual because you

pool the DNA for the 100 individuals and genotype the pooled DNA: Lee M. Butcher et al., 'Genotyping Pooled DNA on Microarrays: A Systematic Genome Screen of Thousands of SNPs in Large Samples to Detect QTLs for Complex Traits', *Behavior Genetics*, 34 (2004):549–55. doi: 10.1023/b%3abege.0000038493.26202.d3.

I compared groups of 100 individuals with high intelligence and 100 individuals of average intelligence. The high-intelligence individuals came from two sources. Half were selected from a larger sample in Cleveland, Ohio, with IQ scores greater than 130. The other half came from a US study that selected adolescents with IQ scores greater than 160. The control sample of individuals with average IQ came from the same Cleveland sample, selecting children with IQs between 90 and 110.

The second shortcut was to use a type of DNA marker with many alleles, because such markers are much more informative than SNPs, which have only two alleles. Simple sequence repeats (SSRs) have many alleles that involve a sequence of two to five base pairs that repeats from five to fifty times, for unknown reasons. The number of repeats is inherited. There are tens of thousands of SSRs in the human genome, mostly in non-coding regions. SSRs are used in DNA fingerprinting, which has revolutionized forensic work by making it possible to create unique DNA profiles for individuals, a DNA 'fingerprint'. We genotyped 2,000 SSRs that are evenly distributed throughout the genome, using a five-stage replication design that weeded out false positive findings. The 2,000 SSRs could not cover every bit of the genome but it could screen a lot of it.

4. Joel Hirschhorn and Mark J. Daley, ' Genome-wide Association Studies for Common Diseases and Complex Traits', *Nature Reviews Genetics*, 6 (2005): 95–108. doi: 10.1038/nrg1521.

5. Lee M. Butcher et al., 'SNPs, Microarrays and Pooled DNA: Identification of Four Loci Associated with Mild Mental Impairment in a Sample of 6,000 Children', *Human Molecular Genetics*, 14 (2005): 1315–25. doi: 10.1093/hmg/ddi142. We conducted another GWA study, using a new SNP chip with 500,000 SNPs, but found similarly disappointing results: Lee M. Butcher et al., ' Genome-wide Quantitative Trait Locus Association Scan of General Cognitive Ability Using Pooled DNA and 500K SNP (Single Nucleotide Polymorphism) Microarrays', *Genes, Brain and Behavior*, 7 (2008): 435–46. doi: 10.1111/j. 1601-183X. 2007.00368.x. The top SNP associations from these studies did not replicate: Michelle Luciano et al., 'Testing Replication of a 5-SNP Set for General Cognitive Ability in Six Population Samples', *European Journal of Human Genetics*, 16 (2008): 1388–95. doi: 10.1038/ejhg.2008.100.

6. The problem was even worse because genome-wide association studies test hundreds of thousands of SNPs throughout the genome. As an extremely conservative correction for multiple testing, it became conventional to correct for 1 million tests in genome-wide association studies. This meant using a *P* value of not 5 per cent, not 0.5 per cent, but 0.00000005. A sample of 50,000 is needed to have adequate power to detect associations for a quantitative trait like intelligence under these conditions, which seemed impossibly large for psychological research. Worse yet, this is the sample size needed to skim the surface to detect only the very biggest effects. To capture more of the DNA differences responsible for heritability, samples in the hundreds of thousands would be needed.

7. The Wellcome Trust Case Control Consortium, ' Genome-wide Association Study of 14,000 Cases of Seven Common Diseases and 3,000 Shared Controls', *Nature*, 447 (2007): 661–78. doi:10.1038/nature05911.

8. One SNP association was not significant when tested using the usual 'additive' model in which risk increases additively when individuals have one or two risk alleles. The association was only significant when testing a non-additive (recessive) model in which a single risk allele has no effect – the effect only materializes when an individual has two risk alleles. Testing alternative models is reasonable but runs the risk of 'chasing P values', which can, as in this case, run the risk of failing to replicate.

9. Patrick Sullivan, 'Don't Give Up on GWAS', *Molecular Psychiatry*, 17 (2011): 2–3. doi:10.1038/mp.2011.94.

10. Peter M. Visscher et al., 'Five Years of GWAS Discovery', *American Journal of Human Genetics*, 90 (2012): 7–24. doi: 10.1016/j.ajhg.2011.11.029.

11. Peter M. Visscher, '10 Years of GWAS Discovery: Biology, Function, and Translation', *American Journal of Human Genetics*, 101 (2017): 5–22. doi: 10.1016/ j.ajhg.2017.06.005.

12. Gerome Breen et al., 'Translating Genome-wide Association Findings into New Therapeutics for Psychiatry', *Nature Neuroscience*, 19 (2016): 1392–6. doi: 10.1038/ nn.4411. SNP and twin liability heritabilities are 30 per cent and 80 per cent for schizophrenia, 25 per cent and 90 per cent for bipolar disorder, 20 per cent and 40 per cent for major depressive disorder, 25 per cent and 75 per cent for hyperactivity and 20 per cent and 90 per cent for autism. These SNP liability heritabilities are from: Cross-disorder Group of the Psychiatric Genomics Consortium, 'Genetic Relationship between Five Psychiatric Disorders Estimated from Genome-wide SNPs', *Nature*

Genetics, 45 (2013): 984–94. doi: 10.1038/ng.2711. The twin liability heritabilities are from: *Schizophrenia*: Patrick F. Sullivan et al., 'Schizophrenia as a Complex Trait – Evidence from a Meta-analysis of Twin Studies', *Archives of General Psychiatry*, 60 (2003): 1187–92. doi: 10.1001/archpsyc.60.12.1187. *Bipolar disorder* : Nick Craddock and Pamela Sklar, 'Genetics of Bipolar Disorder: Successful Start to a Long Journey', *Trends in Genetics*, 25 (2009): 99–105. doi:10.1016/j.tig.2008.12.002. *Major depressive disorder* : Patrick F. Sullivan, Michael C. Neale and Kenneth S. Kendler, 'Genetic Epidemiology of Major Depression: Review and Meta-analysis', *American Journal of Psychiatry*, 157 (2000): 1552–62. doi: 10.1176/appi.ajp.157.10.1552. *Hyperactivity* : Stephen V. Faraone and Eric Mick, 'Molecular Genetics of Attention Deficit Hyperactivity Disorder', *Psychiatric Clinics of North America*, 33 (2010): 159–80. doi: 10.1016/j.psc.2009.12.004. *Autism* : Christine M. Freitag, 'The Genetics of Autistic Disorders and Its Clinical Relevance: A Review of the Literature', *Molecular Psychiatry*, 12 (2007): 2–22. doi: 10.1007/ s10803-017-3141-1.

13. Schizophrenia Working Group of the Psychiatric Genomics Consortium, 'Biological Insights from 108 Schizophrenia-associated Genetic Loci', *Nature*, 511 (2014) 421–7. doi: 10.1038/nature13595.

14. Patrick Sullivan et al., 'Psychiatric Genomics: An Update and an Agenda', *The American Journal of Psychiatry*, 175 (2018) 15–27. doi: 10.1176/appi.ajp.2017.17030283.

15. Eli Stahl et al., ' Genome-wide Association Study Identifies 30 Loci Associated with Bipolar Disorder', *bioRxiv* (2017). doi: https://doi.org/10.1101/173062.

16. Robert A. Power et al., ' Genome-wide Association for Major Depression through Age at Onset Stratification: Major Depressive Disorder Working Group of the Psychiatric Genomics Consortium', *Biological Psychiatry*, 81 (2017): 325–35. doi: 10.1016/j.biopsych.2016.05.010.

17. Major Depressive Disorder Working Group of the PGC, ' Genome-wide Association Analyses Identify 44 Risk Variants and Refine the Genetic Architecture of Major Depression', *bioRxiv* (2017). doi: 10.1101/167577. In contrast, in 2016, an analysis of 75,000 cases netted 15 significant associations: Craig L. Hyde et al., 'Identification of 15 Genetic Loci Associated with Risk of Major Depression in Individuals of European Descent', *Nature Genetics*, 48 (2016): 1031–6. doi: 10.1038/ng.3623. Another GWA study of 320,000 individuals added individuals who simply reported that they had sought help for depression and found 17 hits: David M. Howard

et al., ‘ Genome-wide Association Study of Depression Phenotypes in UK Biobank (n = 322,580) Identifies the Enrichment of Variants in Excitatory Synaptic Pathways’, *bioRxiv* (2017). doi.org/10.1101/168732.

18. Ditte Demontis et al., ‘Discovery of the First Genome-wide Significant Risk Loci for ADHD’, *bioRxiv* (2017). doi: https://doi. org/10.1101/145581.

19. Elizabeth H. Corder et al., ‘Gene Dose of Apolipoprotein E Type 4 Allele and the Risk of Alzheimer’s Disease in Late Onset Families’, *Science*, 261 (1993), 921–3. doi: 10.1126/science.8346443.

20. Jean-Charles Lambert et al., ‘ Meta-analysis of 74,046 Individuals Identifies 11 New Susceptibility Loci for Alzheimer’s Disease’, *Nature Genetics*, 45 (2013): 1452–8. doi: 10.1038/ng.2802.

21. Jacqueline MacArthur et al., ‘The New NHGRI-EBI Catalog of Published Genome-wide Association Studies (GWAS Catalog)’, *Nucleic Acids Research*, 45 (2017): doi: 10.1093/nar/gkw1133.

22. A GWA study of 50,000 unselected individuals can provide power to detect a SNP association with a trait that accounts for 0.1 per cent of the variance of the trait. For instance, explaining 0.1 per cent of the variance is worth half an IQ point in the familiar intelligence metric of IQ scores, which are standardized to have an average of 100 and a range from 55 to 145 for 99 per cent of the population. But even this tiny effect of 0.1 per cent is not enough. The next barrier to break will be 0.01 per cent effect sizes (for example, less than .05 of an IQ point), which will require samples of 500,000. Samples of this size are in the pipeline. Reaching this summit of 500,000 individuals, which seems preposterously large for psychological research, will only reveal another, even higher, summit. Samples in the millions will be needed to detect ever smaller effects.

23. For example, most GWA studies of unselected samples include height and weight as anchor variables, which has made it possible to assemble huge sample sizes. Height and weight are archetypes of quantitative traits. Both are highly heritable, 80 per cent for height and 70 per cent for weight. For height, a GWA study of more than 250,000 individuals identified 679 SNPs significantly associated with individual differences in height. For weight, a GWA study of more than 300,000 individuals found 97 hits. The effect sizes of these SNP associations are tiny, with one exception. For weight, one SNP accounted for 1 per cent of the variance, the biggest effect size found for any quantitative trait. This is the SNP in the *FTO* gene described in the previous chapter. The other top SNPs for weight account on average for 0.03 per cent of the

differences between people in weight, which translates to effects of 100 grams. Height showed somewhat stronger effects, although the biggest SNP effect was only 0.28 per cent. On average, the top SNPs accounted for 0.07 per cent, which translates to effects of 0.05 cm for height. Andrew W. Wood et al., ‘Defining the Role of Common Variation in the Genomic and Biological Architecture of Adult Human Height’, *Nature Genetics*, 46 (2014): 1173–86. doi: 10.1038/ng.3097. Adam E. Locke et al., ‘Genetic Studies of Body Mass Index Yield New Insights for Obesity Biology’, *Nature*, 518 (2015): 197-U401. doi: 10.1038/nature14177.

24. The first GWA study of years of education was published in 2013: Cornelius A. Rietveld et al., ‘GWAS of 126,559 Individuals Identifies Genetic Variants Associated with Educational Attainment’, *Science*, 340 (2013): 1467–71. doi: 10.1126/science.1235488. The GWA study was updated in 2016: Aysu Okbay et al., ‘ Genome-wide Association Study Identifies 74 Loci Associated with Educational Attainment’, *Nature*, 533 (2016): 539–42. doi: 10.1038/ng.3552. The next update will include a sample size greater than 1 million, which has identified more than a thousand significant associations: James J. Lee et al., ‘Gene Discovery and Polygenic Prediction from a ‘Genome-wide Association Study of Educational Attainment in 1.1 Million Individual’, *Nature Genetics*, Advance online publication (2018). doi: 10.1038/s41588-018-0147-3.

25. Eva Krapohl et al., ‘The High Heritability of Educational Achievement Reflects Many Genetically Influenced Traits, Not Just Intelligence’, *Proceedings of the National Academy of Sciences USA*, 111 (2014): 15273–8. doi: 10.1073/pnas.1408777111.

26. The unsuccessful earlier studies with smaller samples have been described: Robert Plomin and Sophie von Stumm, ‘From Twins to Genome-wide Polygenic Scores: The New Genetics of Intelligence’, *Nature Reviews Genetics*, 19 (2018):148–159. doi: 10.1038/nrg.2017.104. The most recent GWA study with a sample size of nearly 300,000 is under review: Jennifer E. Savage et al., Genome-wide Association Meta-analysis in 269,867 Individuals Identifies New Genetic and Functional Links to Intelligence’, *Nature Genetics*, 50 (2018): 912–19. doi: 10.1038/s41588-018-0152-6.

27. Min-Tzu Lo et al., ‘ Genome-wide Analyses for Personality Traits Identify Six Genomic Loci and Show Correlations with Psychiatric Disorders’, *Nature Genetics*, 49 (2017): 152– 6. doi: 10.1038/ng.3736.

28. Michelle Luciano et al., ‘116 Independent Genetic Variants Influence the Neuroticism Personality Trait in over 329,000 UK Biobank Individuals’, *bioRxiv* (2017): doi: 10.1101/168906.

29. Aysu Okbay et al., 'Genetic Variants Associated with Subjective Well-being, Depressive Symptoms, and Neuroticism Identified through Genome-wide Analyses', *Nature Genetics*, 48 (2016): 624–32. doi: 10.1038/ng.3552.

30. Varun Warrier et al., ' Genome-wide Meta-analysis of Cognitive Empathy: Heritability, and Correlates with Sex, Neuropsychiatric Conditions and Brain Anatomy', *bioRxiv* (2017). doi: 10.110 1/081844. Amy E. Taylor and Marcus R. Munafo. 'Associations of Coffee Genetic Risk Scores with Coffee, Tea and Other Beverages in the UK Biobank', *bioRxiv* (2017). doi: 10.1101/096214. Jacqueline M. Lane et al., ' Genome-wide Association Analyses of Sleep Disturbance Traits Identify New Loci and Highlight Shared Genetics with Neuropsychiatric and Metabolic Traits', *Nature Genetics*, 49 (2016): 274–81. doi: 10.1038/ng.3749. Vincent Deary et al, 'Genetic Contributions to Self-reported Tiredness', *Molecular Psychiatry* (2017). Advance online publication. doi: 10.1038/mp.2017.5. Samuel E. Jones et al., ' Genome-wide Association Analyses in 128,266 Individuals Identifies New Morningness and Sleep Duration Loci', *PLoS Genetics*, 12 (2016): e1006125. doi: 10.1371/journal.pgen.1006125.

31. Eric D. Green et al., 'The Future of DNA Sequencing', *Nature*, 550 (2017): 179–81. doi: 10.1038/550179a.

32. Alkes L. Price et al., 'Progress and Promise in Understanding the Genetic Basis of Common Diseases', *Proceedings of the Royal Society B-Biological Sciences*, 282 (2015): 20151684. doi: 10.1098/rspb.2015.1684.

33. A recent paper suggests that genetic effects are not just highly polygenic– they are 'omnigenic' in the sense that most genes will affect most traits: Evan A. Boyle et al., 'An Expanded View of Complex Traits: From Polygenic to Omnigenic', *Cell*, 169 (2017): 1177–86. doi: 10.1016/j.cell.2017.05.038.

34. It is much more difficult to study gene expression than inherited DNA differences. Gene expression, which begins with the transcription of DNA into RNA, needs to be studied in cells in specific tissues (e.g., brain) at specific ages (e.g., prenatal development) in response to specific environments (e.g., drugs). In contrast, inherited DNA sequence is the same in all cells at all ages in all environments. It is important to remember that all we inherit is DNA sequence. These inherited differences in DNA sequence are responsible for heritability.

35. Lee M. Butcher et al., 'SNPs, Microarrays and Pooled DNA: Identification of Four Loci Associated with Mild Mental Impairment in a Sample of 6,000 Children', *Human Molecular Genetics*, 14 (2005): 1315–25. doi: 10.1093/hmg/ddi142.

第 12 章 预测生理特征：身高和体重指数

1. In other words, rather than using the standard P criterion of 5 per cent, correcting for a million tests means that the P value used in GWA studies is 0.00000005.

2. For example, the *FTO* SNP on chromosome 16 consists of two alleles, T and A. The A allele is associated with a three-pound increase in weight. We each have two alleles for a SNP, one on each of our two chromosomes. Our genotype for the *FTO* SNP can be TT, TA or AA. We can count the number of A alleles in the genotype so that an individual would have a genotypic score of 0, 1 or 2, depending on whether their genotype is TT, TA or AA, respectively. A higher score for this SNP predicts greater body weight. Because each A allele adds three pounds on average, people with the TT genotype are three pounds lighter on average than people with the TA genotype, who are three pounds lighter than people with the AA genotype. This is what is meant by additive genotypic effects – each A allele adds 3 pounds. In addition, like items on any psychological scale, each SNP needs to be added up in the right direction so that the overall polygenic score predicts greater weight. The A allele of the *FTO* SNP happens to be associated with greater weight. For the other SNPs in the GWA analysis of weight, whichever allele is associated with greater weight is counted as 1. Each individual's polygenic score is based on whether the individual has 0, 1 or 2 copies of that allele. Scored in this way, a higher polygenic score predicts greater body weight.

3. In GWA studies, the average effect size of the top SNP associations is about 0.01 per cent. This suggests that polygenic scores need at least 5,000 SNPs to account for heritabilities of 50 per cent if the average effect size is 0.01 per cent. Many more than 5,000 SNPs will actually be required because the effect sizes of the GWA associations include error. Typically, tens of thousands of SNPs are included in polygenic scores. One approach is to keep adding SNPs as long as they increase the power to predict in independent samples: Jack Euesden et al., 'PRSice: Polygenic Risk Score Software', *Bioinformatics*, 31 (2015): 146–8. doi: 10.1093/bioinformatics/btu848. Polygenic scores sometimes include all SNPs: Cornelius A. Rietveld et al., 'GWAS of 126,559 Individuals Identifies Genetic Variants Associated with Educational Attainment', *Science*, 340 (2013): 1467–71. doi: 10.1126/science.1235488. To create my polygenic scores, we used a newer approach, called *LDpred*, which adjusts for the correlation (linkage disequilibrium) between SNPs to avoid 'double counting' correlated SNPs. LDpred also

optimizes information from all SNPs, not just the SNPs that are most highly associated with the trait: Bjami J. Vilhjálmsson et al., 'Modeling Linkage Disequilibrium Increases Accuracy of Polygenic Risk Scores', *American Journal of Human Genetics*, 97 (2015): 576–92. doi:10.1016/j.ajhg.2015.09.001.

4. Zheng et al., 'LD Hub: A Centralized Database and Web Interface to Perform LD Score Regression that Maximizes the Potential of Summary Level GWAS Data for SNP Heritability and Genetic Correlation Analysis', *Bioinformatics*, 33 (2017): 272–9. doi: 10.1093/bioinformatics/btw613.

5. My team and I collected my DNA from saliva and extracted the DNA as described earlier. Then we genotyped my DNA for hundreds of thousands of SNPs on a SNP chip. The SNP chip we used was the Illumina Infinium OmniExpress SNP chip, which genotypes 600,000 SNPs across the genome. After quality-control screening, we ended up with 562,199 genotyped SNPs. As is typical, we used these measured SNPs to impute nearby SNPs based on reference panels with whole-genome-sequencing data on large numbers of individuals. Imputation involves inferring SNPs from the reference panels that are highly correlated with (i.e., in linkage disequilibrium with) our measured SNPs. We added 7,323,859 imputed SNPs, which were used together with the measured SNPs to construct my polygenic scores from the results of GWA studies.

After genotyping DNA on a SNP chip, much work is needed to make sense of the raw SNP data. This begins with a series of quality-control analyses that weed out SNP errors. The end product is the creation of hundreds of thousands of SNP genotypes for each individual. These analyses are tedious but are now routine after a decade of work with SNP chips. Not yet routine is the creation of polygenic scores, which have only become widely used in the last two years. The summary statistics for each of the hundreds of thousands of SNPs from a large GWA study for a particular trait are needed to provide the weights to generate polygenic scores for that trait. Many tweaks are being invented to improve polygenic scores, such as taking into account the fact that SNPs close together on a chromosome are correlated.

6. Derived from summary statistics from: Andrew W. Wood et al., 'Defining the Role of Common Variation in the Genomic and Biological Architecture of Adult Human Height', *Nature Genetics*, 46 (2014): 1173–86. doi: 10.1038/ng.3097. The top SNP associations for height accounted for 0.07 per cent of the variance on average, which translates to effects of 0.05 cm.

7. Brendan Maher, 'Personal Genomes: The Case of the Missing Heritability',

Nature, 456 (2008): 18–21. doi: 10.1038/456018a. Missing heritability is a key issue for all complex traits in the life sciences. Missing heritability is called the 'dark matter' of genome-wide association because, although it certainly exists, we cannot see it. This missing heritability gap will be narrowed as GWA studies become bigger and better. Using current technology, we should be able to more than double the predictive power of polygenic scores with larger GWA samples. Another reason for optimism is that the SNP chips used in GWA studies mostly include common SNPs but most DNA differences are not common. It has been estimated that current SNP chips account for only about half of all the genetic variance in the genome. Teri A. Manolio et al., 'Finding the Missing Heritability of Complex Disease', *Nature*, 461 (2009): 747–53. doi: 10.1038/nature08494. Frank Dudbridge, 'Power and Predictive Accuracy of Polygenic Risk Scores', *PLoS Genetics*, 9 (2013): doi: 10.1371/journal.pgen.1003348.

Because whole-genome sequencing captures all inherited DNA differences, not just common SNPs, it could double the predictive power of polygenic scores. This conclusion is supported by a new method for estimating heritability called *SNP heritability* because it is based on direct DNA measurement of SNPs. SNP heritability estimates the correlation between SNPs and trait similarity for unrelated individuals across the hundreds of thousands of SNPs on a SNP chip. Although there are now several ways to estimate SNP heritability, the first method was called *Genome-wide Complex Trait Analysis*(*GCTA*): Jian Yang et al., 'Common SNPs Explain a Large Proportion of the Heritability for Human Height', *Nature Genetics*, 42 (2010): 565–9. doi: 10.1038/ng.608. Jian Yang et al., 'Genome Partitioning of Genetic Variation for Complex Traits Using Common SNPs', *Nature Genetics*, 43 (2011): 519–25. doi: 10.1038/ng.823.

For complex traits, SNP heritability is generally half the magnitude of twin heritability, which may be due to the fact that current SNP chips only assess common SNPs, whereas most DNA differences in the genome are not common. It has been estimated that current SNP chips tag only about half of the genetic variance: Peter M. Visscher et al., 'Evidence-based Psychiatric Genetics, aka the False Dichotomy between Common and Rare Variant Hypotheses', *Molecular Psychiatry*, 17 (2012): 474–85. doi: 10.1038/m.

There is some evidence that non-SNP DNA differences, rare DNA differences and non-additive genetic effects contribute to missing heritability. In relation to non-SNP DNA differences, copy-number variants have been proposed as a major source of missing heritability: Eric R. Gamazon, Nancy J. Cox and Lea K. Davis, 'Structural Architecture of SNP Effects on Complex Traits', *American Journal of Human Genetics*, 95 (2014): 477–89. doi: 10.1016/j.ajhg.2014.09.009.

In relation to rare variants, rare variants with allele frequencies of less than 5 per cent add 2 per cent to SNP heritability of height: Eirini Marouli et al., 'Rare and Low-frequency Coding Variants Alter Human Adult Height', *Nature*, 542 (2016): 186–190. doi: 10.1038/nature21039. Non-additive genetic variance has also been proposed by some as a major source of missing heritability: Or Zuk et al., 'The Mystery of Missing Heritability: Genetic Interactions Create Phantom Heritability', *Proceedings of the National Academy of Sciences USA*, 109 (2012): 1193–8. doi: 10.1073/pnas.1119675109.

Rare DNA differences have been shown to contribute to risk for schizophrenia, autism and intellectual disability: Fatima Torres, Mafalda Barbosa and Patricia Maciel, 'Recurrent Copy Number Variations as Risk Factors for Neurodevelopmental Disorders: Critical Overview and Analysis of Clinical Implications', *Journal of Medical Genetics*, 53 (2016): 73–90. doi: 10.1136/ jmedgenet-2015-103366.

Schizophrenia : David H. Kavanagh et al., 'Schizophrenia Genetics: Emerging Themes for a Complex Disorder', *Molecular Psychiatry*, 20 (2015): 72–6. *Autism* : Michael Ronemus et al., 'The Role of De Novo Mutations in the Genetics of Autism Spectrum Disorders', *Nature Reviews Genetics*, 15 (2014): 133–41. doi: 10.1038/nrg3585. *Intellectual disability* : Lisenka E. L. M. Vissers et al., 'Genetic Studies in Intellectual Disability and Related Disorders', *Nature Reviews Genetics*, 17 (2016): 9–18. doi: 10.1038/nrg3999. Joep di Light et al., 'Diagnostic Exome Sequencing in Persons with Severe Intellectual Disability', *New England Journal of Medicine*, 367 (2012): 1921–9. doi: 10.1056/NEJMoa1206524.

Another piece of the missing SNP heritability puzzle might be that twin studies overestimate genetic influence: Jian Yang et al., 'Genetic Variance Estimation with Imputed Variants Finds Negligible Missing Heritability for Human Height and Body Mass Index', *Nature Genetics*, 47 (2015): 1114–20. doi: 1038/ng.3390. In addition, more sophisticated statistical methods might be able to narrow the missing SNP heritability gap: Frank Dudbridge, 'Polygenic Epidemiology', *Genetic Epidemiology*, 40 (2016): 268–71. doi: 10.1002/gepi.21966. Huwenbo Shi et al., 'Contrasting the Genetic Architecture of 30 Complex Traits from Summary Association Data', *American Journal of Human Genetics*, 99 (2016): 139–53. doi: 10.1016/j.ajhg.2016.05.013. Douglas

Speed et al., ' Re-evaluation of SNP Heritability in Complex Human Traits', *bioRxiv* (2016). doi: 10.1101/074310.

Importantly, SNP heritability, not twin heritability, represents the ceiling for GWA studies, as well as for polygenic scores derived from these GWA studies, because both are limited by the common SNPs assessed on current SNP chips. Robert Plomin et al., 'Common DNA Markers Can Account for More than Half of the Genetic Influence on Cognitive Abilities', *Psychological Science*, 24 (2013): 562–8. doi: 10.1177/0956797612457952.

8. Derived from summary statistics from: Adam E. Locke et al., 'Genetic Studies of Body Mass Index Yield New Insights for Obesity Biology', *Nature*, 518 (2015): 197-U401. doi: 10.1038/nature14177. The polygenic score for body mass index (BMI) predicts 6 per cent of the variance. The top SNPS for BMI accounted for 0.03 per cent of the variance on average, which translates to effects of 100 grams.

9. I will mention some of my polygenic scores for medical traits because these traits have had the largest GWA discovery samples. With the GWA data available right now, polygenic profiles can be created for scores of major medical disorders, such as coronary artery disease, Type 2 diabetes, migraine, osteoporosis, rheumatoid arthritis, lung cancer and inflammatory bowel disease. Polygenic scores are also available for many physiological traits, such as cholesterol, triglycerides, insulin sensitivity, resting heart rate, blood pressure and neurological traits.

For many of these disorders, you don't need DNA to find out if you are currently affected. For example, you may know already if you have Type 2 diabetes, high cholesterol or cardiovascular problems. The big difference is that polygenic scores can predict your genetic risk for these disorders, not just assess your current status. If you are overweight and inactive, you are at some risk of Type 2 diabetes. But if you are overweight and inactive *and* have a high genetic risk, your chances are much greater for developing the disorder. What's more, most Type 2 diabetes is not diagnosed until middle age. By then, much of the damage of being overweight and inactive has been done. Knowing your polygenic score earlier in life gives you a better chance to beat the genetic odds by keeping your weight down, eating better and being more active.

Of course, losing weight, eating better and being more active would be good for all of us. But knowing that we are at high risk for Type 2 diabetes is likely to motivate us to actually do it. You can also monitor your blood-sugar levels. Medications can help if diet and exercise are not enough. These are small steps to take and they can't hurt you, at least as compared to doing nothing about your risk for Type 2 diabetes, which can lead to blindness, kidney dialysis and even amputations.

Fortunately, I have only an average polygenic risk for Type 2 diabetes, near the 50th percentile. For Type 2 diabetes, we created my polygenic score based on a GWA study of 25,000 cases that found more than a hundred significant associations: Robert A. Scott et al., 'An Expanded Genome-wide Association Study of Type 2 Diabetes in Europeans', *Diabetes*, 66 (2017): 2888–902. doi: 10.2337/ db16-1253.

My polygenic scores for other medical disorders were only somewhat above average. For example, for inflammatory bowel disease, my polygenic score was at the 62nd percentile. For inflammatory bowel disease, we created polygenic scores from a GWA study of 86,000 cases that reported 38 significant associations: Jimmy Z. Liu et al., 'Association Analyses Identify 38 Susceptibility Loci for Inflammatory Bowel Disease and Highlight Shared Genetic Risk across Populations', *Nature Genetics*, 47 (2015): 979–86. doi: 10.1038/ng.3359.

For lung cancer, my polygenic score was at the 67th percentile. For lung cancer, we used a GWA study of 13,500 cases that reported several significant associations: Yesha M. Patel et al., 'Novel Association of Genetic Markers Affecting CYP2A6 Activity and Lung Cancer Risk', *Cancer Research*, 76 (2016): 5768–76. doi: 10.1158/0008-5472. CAN-16-0446.

My polygenic scores were also average for disease-related physiological variables such as resting heart rate (52nd percentile). For resting heart rate, we created polygenic scores from a GWA study of 265,000 individuals that reported 64 significant associations: Ruben N. Eppinga et al., 'Identification of Genomic Loci Associated with Resting Heart Rate and Shared Genetic Predictors with All-cause Mortality', *Nature Genetics*, 48 (2016): 1557–63. doi: 10.1038/ng.3708.

Most of the time, most of us will have scores near the population average. Average scores might seem disappointing, in the sense that they are ambiguous, neither fish nor fowl. However, average scores might be the best outcome. A low polygenic score for a disorder could just mean low risk, which sounds like a good thing. But polygenic scores are always normally distributed, and we don't know what an extremely low score entails. For example, rheumatoid arthritis is an autoimmune disease, which might indicate an overactive immune system, one that sees your own cells as foreign. A very low polygenic score might be a good sign, indicating an immune system less likely to go into overdrive. However, it is also possible that a very low polygenic score indicates other problems. For example, perhaps it indicates a less sensitive immune system that might be more vulnerable to infection.

About rheumatoid arthritis, I was fascinated to learn that my polygenic score for rheumatoid arthritis is at the 96th percentile. Rheumatoid arthritis runs in my family and I am beginning to show some signs of it, especially in my knees. The best preventive action to delay onset is to stop smoking, but I have never smoked. The next best thing is to lose weight, so that's another reason for me to try harder to win my battle of the bulge. Although there is not much I can do about it, I still prefer to know what might be in store for me. If I had known about this risk earlier in life, would I have played less squash, basketball and volleyball, all of which are hard on the knees? If solid scientific evidence told me this made a difference, I probably would have chosen sports nicer on the knees. But there is as yet no such evidence. Now that we can predict genetic risk from early in life, science will have a better shot at finding out how to prevent these problems. Prevention is a much better bet than trying to cure these complex disorders once they occur. My polygenic score for rheumatoid arthritis was based on results from a GWA analysis that included 30,000 cases with rheumatoid arthritis and reported 101 significant associations: Yukinori Okada et al., 'Genetics of Rheumatoid Arthritis Contributes to Biology and Drug Discovery', *Nature*, 506 (2014): 376–81. doi: 10.1038/ nature12873.

My polygenic score was also high (87th percentile) for insulin sensitivity, but that's a good thing, because it is thought to be protective against diabetes, although it may also make it more difficult to lose weight. My polygenic score for insulin sensitivity was based on results from a GWA analysis of 17,000 individuals that reported 23 significant associations: Geoffrey A. Walford et al., ' Genome-wide Association Study of the Modified Stumvoll Insulin Sensitivity Index Identifies BCL2 and FAM19A2 as Novel Insulin Sensitivity Loci', *Diabetes*, 65 (2016): 3200–211. doi: 10.2337/ db16-0199.

Another interesting medical polygenic score for me was migraine. My polygenic score is at the 83rd percentile. I have had migraines with aura, which are visual symptoms that occur just before the migraine begins. Fortunately, I had them only a couple of times a year as an adolescent and young adult. Now I rarely have them, although I can put myself at risk by staring at my computer screen for too long, with the appearance of aura providing a useful signal that it's time to down tools. We created polygenic scores from a GWA study of 375,000 cases that reported 38 significant associations: Padhraig Gormley et al., ‘ Meta-analysis of 375,000 Individuals Identifies 38 Susceptibility Loci for Migraine’, *Nature Genetics*, 48(2016): 856–66. doi: 10.1038/ng.3598.

第 13 章　预测心理特征：心理疾病和教育成就

1. Stephan Ripke et al., ‘Biological Insights from 108 Schizophrenia-associated Genetic Loci’, *Nature*, 511 (2014), 421–7. doi: 10.1038/nature13595. There is a catch in the phrase ‘variance of liability’. GWA analyses of diagnosed disorders rely on comparing individuals diagnosed with the disorder (called cases) versus controls who have not been diagnosed with the disorder. This makes it difficult to talk about variance predicted by the polygenic score, because all that is analysed is the average SNP frequency difference between cases and controls. It is possible to get around this problem statistically by assuming that there is a continuum of liability underlying the dichotomy between cases and controls. The model assumes that individuals are diagnosed as cases when they cross a certain threshold of severity in the continuum of liability. This is called the *liability-threshold model*.

The problem with this model is that one of the ‘big findings’ of behavioural genetics is that disorders are merely the extremes of the same genetic factors at work throughout the normal distribution. There are no disorders, just dimensions. From this perspective, it seems perverse to assess a dichotomous disorder (cases versus controls) and then assume that it is a continuous dimension.

But the liability-threshold model is reasonable if we think about disorders as the quantitative extremes of normal distributions. Continuing with the extreme example of ‘giantism’ used earlier, it is as if we took a continuous trait like height and focused on ‘diagnosing’ giants who are in the top 1 per cent of height. Suppose we did a case-control GWA study of giants versus the rest of the population, throwing away all the information on individual differences in height in the rest of the population. Based on the finding that disorders are merely the extremes of dimensions, results from a GWA study of giants versus controls ought to be similar to those from a GWA study of individual differences in height in the entire population. But why would you compare giants versus the rest of the population when height is so clearly a continuous trait? It doesn’t make sense. This is how I think about all disorders – they are merely the quantitative extreme of continuous traits.

For disorders like major depressive disorder, as well as dimensions like height, polygenic scores are perfectly normally distributed as bell-shaped curves. I predict that polygenic scores will hammer more nails into the coffin of diagnostic dichotomies. If the genetic contributions to disorders are normally distributed, it means that, from a genetic perspective, there are no disorders, just dimensions. It is worth being repetitive about this: The genetic differences between people diagnosed with a disorder and the rest of the population are quantitative, not qualitative. There is no threshold where genetic risk tips over into a diagnosable disorder. For continuous dimensions, it is not unreasonable to focus on the extremes, because this is where problems are most severe. But there is no etiologically distinct disorder, just a continuous dimension.

2. Evangelos Vassos et al., 'An Examination of Polygenic Score Risk Prediction in Individuals with First-episode Psychosis', *Biological Psychiatry*, 81 (2017): 470–77. doi: 10.1016/j.biopsych.2016.06.028.

3. Naomi R. Wray et al., ' Genome-wide Association Analyses Identify 44 Risk Variants and Refine the Genetic Architecture of Major Depression', *Nature Genetics*. Advance online publication. doi: 10.1038/ s41588-018-0090-3.

4. Louise Arseneault et al., 'Cannabis Use in Adolescence and Risk for Adult Psychosis: Longitudinal Prospective Study', *British Medical Journal*, 325 (2002): 1212–13. doi: 10.1136/bmj.325.7374.1212.

5. Simon Kyaga et al., 'Mental Illness, Suicide and Creativity: 40-Year Prospective Total Population Study', *Journal of Psychiatric Research*, 47 (2013): 83–90. doi: 10.1016/j.jpsychires.2012.09.010.

6. Robert A. Power et al., 'Polygenic Risk Scores for Schizophrenia and Bipolar Disorder Predict Creativity', *Nature Neuroscience*, 18 (2015): 953–5. doi: 10.1038/nn.4040.

7. Philip B. Verghese et al., 'Apolipoprotein E in Alzheimer's Disease and Other Neurological Disorders', *Lancet Neurology*, 10 (2011): 241–52. doi: 10.1016/ S1474-4422(10) 70325-2.

8. Valentina Escott-Price et al., 'Polygenic Score Prediction Captures Nearly All Common Genetic Risk for Alzheimer's Disease', *Neurobiology of Aging*, 49 (2017): 214–37. doi: 10.1016/j.neurobiolaging.2016.07.018.

9. James J. Lee et al., 'Gene Discovery and Polygenic Prediction from a Genome-wide Association Study of Educational Attainment in 1.1 Million Individuals', *Nature Genetics*, Advance online publication (2018). doi: 10.1038/s41588-018-0147-3.

10. Aysu Okbay et al., ‘ Genome-wide Association Study Identifies 74 Loci Associated with Educational Attainment’, *Nature*, 533 (2016): 539–42. doi: 10.1038/nature17671.

11. Robert Plomin and Sophie von Stumm, ‘From Twins to Genome-wide Polygenic Scores: The New Genetics of Intelligence’, *Nature Reviews Genetics*, 19 (2018): 148–59. doi: 10.1038/nrg.2017.104.

12. An ongoing GWA analysis of intelligence has reached a sample size of 280,000; its polygenic score predicts 4 per cent of the variance in intelligence: Jeanne E. Savage et al., Genomewide Association Meta-analysis in 269,867 Individuals Identifies New Genetic and Functional Links to Intelligence’, *Nature Genetics*, 50 (2018): 912–19. doi: 10.1038/s41588-018-0152-6. The previous published GWA, with 78,000 individuals, including UK Biobank, yielded a polygenic score that predicts 3 per cent of the variance in TEDS: Suzanne Sniekers et al., ‘ Genome-wide Association Meta-analysis of 78,308 Individuals Identifies New Loci and Genes Influencing Human Intelligence’, *Nature Genetics*, 49 (2017): 1107–12. doi: 10.1038/ng.3869. Earlier GWA studies of intelligence predicted only about 1 per cent of the variance, for example: Gail Davies et al., ‘Genetic Contributions to Variation in General Cognitive Function: A Meta-analysis of Genome-wide Association Studies in the CHARGE Consortium (N=53,949)’, *Molecular Psychiatry*, 20 (2015): 183–92. doi: 10.1038/ mp.2014.188. We conducted a GWA of extremely high intelligence, which yielded a polygenic score that predicts 2 per cent of the variance of intelligence: Delilah Zabaneh et al., ‘A Genome-wide Association Study for Extremely High Intelligence’, *Molecular Psychiatry* 23 (2018): 1226–32. doi: 10.1038/mp.2017.121.

13. Saskia Selzam et al., ‘Predicting Educational Achievement from DNA’, *Molecular Psychiatry*, 22 (2017): 267–72. doi: 10.1038/mp.2016.107.

14. A new development in polygenic scores is to combine the predictive power of polygenic scores derived from different GWA studies, called multi-polygenic scores. The rationale behind polygenic scores is to keep adding SNPs from a GWA study until additional SNPs no longer increase the prediction of the target trait in an independent sample. Multi-polygenic scores extend this logic across GWA studies. For example, do the various polygenic scores for intelligence together predict more variance in an independent sample? Even though the relevant GWA studies target different cognitive abilities– reasoning, general intelligence, extremely high intelligence and years of education – their results can be used in a multi-polygenic score analysis. Using this

multi-polygenic score approach, we were able to boost the prediction of GCSE scores from 9 per cent to 11 per cent. Eva Krapohl et al., ' Multi-polygenic Score Prediction Approach to Trait Prediction', *Molecular Psychiatry* 23 (2018): 1368–74. doi: 10.1038/mp.2017.203. We also used polygenic scores from the major GWA studies of cognitive-relevant traits in a multi-polygenic score analysis to ask how much variance in intelligence they can predict in TEDS. The polygenic score for years of education by itself predicts 4 per cent of the variance; the other polygenic scores increase this only to 5 per cent. But every little bit counts towards the goal of predicting as much variance as possible: Eva Krapohl et al., ' Multi-polygenic Score Prediction Approach to Trait Prediction', *Molecular Psychiatry* 23 (2018): 1368–74. doi: 10.1038/mp.2017.203. Another study using even more polygenic scores in a multi-phenotypic score predicted 7 per cent of the variance of intelligence in an independent sample: William D. Hill et al., 'A Combined Analysis of Genetically Correlated Traits Identifies 107 Loci Associated with Intelligence', *bioRxiv* (2017). doi: 10.1101/160291. They used a multivariate GWAS approach called *Multi-Trait Analysis of GWAS* (*MTAG*): Patrick Turley et al., 'MTAG: Multi-Trait analysis of GWAS', *bioRxiv* (2017). doi: 10.1101/118810.

15. Aysu Okbay et al., 'Genetic Variants Associated with Subjective Well-being, Depressive Symptoms, and Neuroticism Identified through Genome-wide Analyses', *Nature Genetics*, 48 (2016): 624–32. doi: 10.1038/ng.3552.

第 14 章 个人基因组学的未来

1. Some random mutations in our DNA occur as time goes by, but the thousands of SNPs that are used to create polygenic scores will not change significantly. DNA can be damaged with aging, especially exacerbated by smoking, but this is also unlikely to affect polygenic scores. Jorge P. Soares et al., 'Aging and DNA Damage in Humans: A Meta-analysis Study', *Aging*, 6 (2014): 432–9. doi: 10.18632/aging.100667.

2. Marjorie Honzik et al., 'The Stability of Mental Test Performance between Two and Eighteen Years', *The Journal of Experimental Education*, 17 (1948): 309–24.

3. Sanne P. A. Rasing et al., 'Depression and Anxiety Prevention Based on Cognitive Behavioral Therapy for at-Risk Adolescents: A Meta-analytic Review', *Frontiers in Psychology*, 8 (2017): Article Number 1066. doi: 10.3389/fpsyg.2017.01066.

4. Robert Plomin et al., 'Common Disorders are Quantitative Traits', *Nature*

Reviews Genetics, 10 (2009): 872–8. doi: 10.1038/nrg2670.

5. Saskia Selzam et al., 'Predicting Educational Achievement from DNA', *Molecular Psychiatry*, 22 (2017): 267–72. doi: 10.1038/mp.2016.107.

6. For example, we found that the EA polygenic score predicted 5 per cent of the variance of reading performance. We showed that a GWA study of reading itself is likely to produce a polygenic score that could explain 20 per cent of the variance of reading performance. Saskia Selzam et al., ' Genome-wide Polygenic Scores Predict Reading Performance throughout the School Years', *Scientific Studies of Reading*, 21 (2017): 334–9. doi: 10.1080/10888438.2017.1299152.

7. Cross-disorder Group of the Psychiatric Genomics Consortium, 'Identification of Risk Loci with Shared Effects on Five Major Psychiatric Disorders: A Genome-wide Analysis', *Lancet*, 381 (2013): 1371–9. doi: 10.1016/S0140-6736(12) 62129-1. Eva Krapohl et al., ' Phenome-wide Analysis of Genome-wide Polygenic Scores', *Molecular Psychiatry*, 21 (2015): 1188–93. doi: 10.103mp.2015.126.

8. Daniel W. Belsky et al., 'The Genetics of Success: How Single-nucleotide Polymorphisms Associated with Educational Attainment Relate to Lifecourse Development', *Psychological Science*, 27 (2016): 957–72. doi: 10.1177/095679 7616643070. Economists and sociologists have become interested in genomics, focusing on socioeconomic outcomes such as income rather than psychological traits. A useful summary of their work can be found in a book by sociologists Dalton Conley and Jason Fletcher, *The Genome Factor* (Princeton University Press, 2017).

9. Saskia Selzam et al., 'Predicting Educational Achievement from DNA', *Molecular Psychiatry*, 22 (2016): 267–72. doi: 10.1038/mp.2016.107. Eva Krapohl and Robert Plomin, 'Genetic Link between Family Socioeconomic Status and Children's Educational Achievement Estimated from Genome-wide SNPs', *Molecular Psychiatry*, 45 (2015): 2171–9. doi: 10.1038/mp.2015.2.

10. Eva Krapohl et al., 'The Nature of Nurture: Multi-polygenic Score Models Explain Variation in Children's Home Environments and Covariation with Educational Achievement', *Proceedings of the National Academy of Sciences, USA*, 114 (2017): 11727–32. doi: 10.1073/pnas.1707178114.

11. Finding genetic influence on environmental measures suggests that GWA studies of environmental measures can yield polygenic scores that predict experience. The first GWA study of an environmental variable was not successful, however, because its sample size was not nearly large enough, given what we now know about how small

SNP associations are: Lee M. Butcher and Robert Plomin, 'The Nature of Nurture: A Genome-wide Association Scan for Family Chaos', *Behavior Genetics*, 38 (2008): 361–71. doi: 10.1007/ s10519-008-9198-z.

12. Valerie Knopik et al., *Behavioral Genetics,* 7th edition (New York: Worth, 2017).

13. Avshalom Caspi et al., 'Role of Genotype in the Cycle of Violence in Maltreated Children', *Science*, 297 (2002): 851–4. doi: 10.1126/science.1072290.

14. Laramie E. Duncan and Matthew C. Keller, 'A Critical Review of the First 10 Years of Candidate Gene-by-environment Interaction Research in Psychiatry', *American Journal of Psychiatry*, 168 (2011): 1041–9. doi: 10.1176/appi.ajp.2011.11020191.

15. In addition to using existing polygenic scores for psychological disorders to investigate whether they interact with treatments, researchers are attempting to conduct GWA studies specifically targeted on interactions between SNPs and treatments, dubbed *GE-Whiz.* That is, rather than looking for SNP associations with the disorder itself, a GE-Whiz GWA analysis looks for SNPs that predict how much individuals respond to the treatment: Duncan C. Thomas et al., ' GE-Whiz! Ratcheting Gene–Environment Studies up to the Whole Genome and the Whole Exposome', *American Journal of Epidemiology*, 175 (2012): 203–7. doi:10.1093/aje/kwr365. The first GWA study of this type in psychology targeted differences in anxious children's responses to cognitive behavioural therapy, the most effective therapy for anxiety. However, the sample for this pioneering study of 'precision psychology' was too small to yield a reliable polygenic score for genotype–environment interaction: Jonathan R. Coleman et al., ' Genome-wide Association Study of Response to Cognitive-Behavioural Therapy in Children with Anxiety Disorders', *British Journal of Psychiatry*, 209 (2016): 236–43. doi: 10.1192/ bjp.bp.115.168229.

16. Emily Smith-Wooley, 'Differences in Exam Performance between Pupils Attending Different School Types Mirror the Genetic Differences between Them', *NPJ Science of Learning*(2018). Advance online publication. doi: 10.1038/ s41539-018-0019-8.

Another way to look at this is to compare the relative impact on individual differences in school achievement of the EA polygenic score and whether student attend selective or non-selective schools. The EA polygenic score predicts 9 per ce of the variance in GCSE scores, as we have seen. In contrast, school type accounts 7 per cent of the variance. However, after controlling for selection factors, the vari explained by school type drops to a mere 1 per cent. In other words, the EA polygenic score is nine times more powerful than school type in predicting GCSE scores. In addition, remember that this is the 2016 EA polygenic score, not the upcoming EA polygenic score which should be more than twice as powerful.

17. Nida Broughton et al., *Open Access: An Independent Evaluation* (London: The Social Market Foundation, 2014). Available from: http://www.smf.co.uk/ wp-content/uploads/2014/07/ Open-Access-an-independent-evaluation-Embargoed-00. 01-030714.pdf.

18. Dalton Conley et al., 'Is the Effect of Parental Education on Offspring Biased or Moderated by Genotype?', *Sociological Science*, 2 (2015): 82–105. doi: 10.15195/v2.a6. Benjamin W. Domingue et al., 'Polygenic Influence on Educational Attainment', *AERA Open* 1(2015): 1–13. doi: 10.1177/2332858415599972.

19. Ziada Ayorech et al., 'Genetic Influence on Intergenerational Educational Attainment', *Psychological Science* 28 (2017): 1302–10. doi: https://doi.org/10.1177%2F0956797617707270.

20. Liis Leitsalu, 'Cohort Profile:Estonian Biobank of the Estonian Genome Center, University of Tartu', *International Journal of Epidemiology*, 44 (2015): 1137–47. doi: 10.1093/ije/dyt268.

21. Kaili Rimfeld et al., 'Genetic Influence on Social Outcomes during and after the Soviet Era in Estonia', *Nature Human Behaviour* (2018). Advance online publication. doi: 10.1038/s41562-018-0332-5.

22. This is beginning to happen: https://DNA.Land.

23. Glynis H. Murphy et al., 'Adults with Untreated Phenylketonuria: 'Out of Sight, Out of Mind', *British Journal of Psychiatry*, 193(2008): 501–2. doi: 10.1192/bjp.bp.107.045021.

24. The web page for the National Human Genome Research Institute's ELSI ramme: https://www.genome. gov/10001618/. In addition, a recent book covers issues on genomics specifically in relation to education: Susan Bouregy et al. *etics, Ethics and Education* (Cambridge University Press, 2017).

lpful discussion of these complex issues can be found in a recent book: n, *The Gene Machine: How Genetic Technologies are Changing the – and the Kids We Have* (Farrar, Straus and Giroux, 2017).